Erfolgreich gärtnern

Der Intensivgarten

Der Zier- und Nutzgarten
im Jahreslauf

von
Renate Zeltner

MG
VERLAG MARTIN GREIL GMBH

Fotos: Jenö Zeltner und Lingen Verlag
Redaktion: Dr. Ursula Kraxner
Herstellung: Dieter Lidl

Umschlaggestaltung: R. O. S., Leonberg
Umschlagfoto: Hermann Eisenbeiss, Egling
Satz: Satz & Repro Grieb, München
Printed in Jugoslavia

ISBN 3-89430-103-1

Inhalt

Intensivgarten – was ist das?

Die Zeit der großen Gartenflächen, der ausgedehnten Beete, der weiträumigen Obst- und Beerenkulturen, der Spielflächen für die Kinder rund ums eigene Haus ist für die meisten Hobbygärtner längst vorbei. Land, zumal Bauland und damit auch Gartenland, ist teure Mangelware geworden, die Grundstückspreise sind ins Uferlose gestiegen. Von einem tausend Quadratmeter großen Baugrundstück mit Platz für einen Garten rund ums Haus, wie es lange Zeit als Norm für ein Ein- oder Zweifamilienhaus galt, kann für die meisten Bauwilligen schon lange keine Rede mehr sein. Wer 500–700 Quadratmeter sein eigen nennt, kann sich glücklich preisen. Die Regel beim Erwerb von Hauseigentum sind heute Reihenhäuser, wenn's hoch kommt Doppelhäuser. Und da besitzt denn jeder Eigentümer in der Reihe ein Grundstück, das gerade so breit ist wie das Haus selbst, das meist in Form eines schmalen Handtuchs kaum mehr als eine Verlängerung der Terrasse hinterm Haus darstellt. Der Vorgarten erlaubt höchstens eine Bepflanzung mit ein paar Immergrünen und Bodendeckern, hinterm Haus finden ein winziges Stück Rasen, eine Fichte, ein paar Sträucher Platz, ein kleines Rosenbeet, einige Stauden – das ist der Standardgarten von heute. Kaum einem fällt unter diesen Umständen ein, sich ein Nutzgärtchen anzulegen, und sei es noch so klein. Wenn es hoch kommt, gibt's ein Mini-Kräuterbeet und für die Kinder zum Naschen ein oder zwei Johannisbeer- und Stachelbeersträucher.

Dabei könnte man auch bei kleiner und sogar bei extrem kleiner Gartenfläche beträchtliche Erträge erzielen, wenn man alle Möglichkeiten der Planung, Aufteilung, Fruchtfolge, Mischkultur, Boden- und Pflanzenpflege nutzt, vernünftige Kompostwirtschaft betreibt und sich um natürlichen Pflanzenschutz bemüht. Dann kann nämlich auch aus einem kleinen Garten, sogar aus einem Reihenhausgarten, eine einträgliche Produktionsstätte für immer frisches Gemüse, Salat, Beeren und Obst werden. Bei entsprechender Planung ist man sogar im Spätherbst und den ganzen Winter über mit Vitaminspendern aus eigener Erzeugung versorgt.

Wie man am besten verfährt, um aus dem Gärtchen hinterm Haus eine Obst- und Gemüsequelle zu machen, die praktisch nie versiegt und in der sogar noch Zierpflanzen ihren Platz haben, damit das Auge nicht zu kurz kommt – das läßt sich im folgenden Kalendarium nachlesen. Es führt von Januar bis Dezember durch das Gartenjahr. Außerdem liefert ein Kapitel »Wissenswertes für den Intensivgärtner« Informationen über so nützliche und wichtige Einrichtungen wie Frühbeet und Folientunnel, Fruchtfolge, Hügelbeet, Treibhaus u. a.

Januar

Alles andere als eine tote Zeit ist der Januar im Gartenjahr. Natürlich, die aktive Arbeit im Garten ruht weitgehend, aber das bedeutet keineswegs, daß sich der Hobbygärtner nun auf den Lorbeeren der letzten Ernte ausruhen kann. Es gibt auch jetzt einiges zu tun, vor allem aber vieles zu überdenken, zu planen und vorzubereiten. Wer seinen Garten erstmals vom reinen Ziergarten auf intensive Nutzung als Wohn- und Nutzgarten umstellen will, der tut gut daran, mit seinen Überlegungen rechtzeitig zu beginnen. Gewiß müssen Sträucher umgesetzt, Beete neu angelegt, der beste Standort für Obstbäume und Beerensträucher gefunden werden. Aus den vielen Katalogen und Zeitschriften, die in den letzten Monaten ins Haus geflattert sind, kann man sich anregen lassen und dann an die Bestellung von Samen gehen und über den notwendigen Kauf von Pflanzen entscheiden. An einem nicht allzu kalten Tag sollte man sein Gartengerät einer kritischen Prüfung unterziehen, kleine Reparaturen selbst erledigen und gegebenenfalls Beschädigtes ersetzen.

Fruchtfolgeplan

Das Wichtigste für den »Intensivgärtner« ist, daß er sich über die Aufteilung des Nutzgartens sowie über die jährliche Abfolge und das Nebeneinander der Kulturen innerhalb einer Wachstumsperiode im klaren ist. Arten mit langer Kulturdauer (Stangenbohnen, Zwiebeln, Tomaten, Gurken, Chicorée, Sellerie, Kohl) sollten frühestens nach 3 Jahren auf dasselbe Beet gesät oder gepflanzt werden. Gemüsearten mit kürzerer Wachstumszeit wie Kopfsalat, Radieschen oder Feldsalat können auch häufiger aufeinander folgen. Ohne regelmäßige Fruchtfolge reichern sich Schaderreger im Boden an. Mit einem gut geplanten Fruchtwechsel lassen sich Fußkrankheiten, Nematoden- und Pilzbefall bei vielen Gemüsen vermeiden. Die Fruchtfolgeplanung gewinnt weitere Bedeutung, wenn die Gartenbeete alle 2–3 Jahre mit Stallmist gedüngt werden. Alle Kohlarten, Tomate, Gurke, Porree und Sellerie zählen zu den stallmistverträglichen Arten. Beim Anbau von Möhren, Zwiebeln und Petersilie

sollte das Beet nicht frisch mit Mist gedüngt sein. Das ideale Ergebnis einer sorgfältigen Planung ist, wenn ein Beet während der gesamten Vegetationsperiode besetzt, also beschattet ist. Gerade für kleine Gärten ist diese Form des Anbaus viel günstiger, weil man praktisch den ganzen Sommer über ernten kann.
Der Vorschlag einer Kulturfolge auf den Seiten 12–17 wurde von der Firma Sperling in Lüneburg ausgearbeitet und kann gewiß manche Anregung geben.

Was gibt's im Januar zu tun?

Im Januar ist normalerweise der Hochwinter. Nach starken Schneefällen muß man Gehölze vorsichtig abschütteln, damit keine Äste abbrechen. Bei Eisglätte kein Streusalz verwenden, sondern mit grobem Sand oder Asche die Wege streuen. Natürlich muß dann öfter gestreut werden, dafür vermeidet man aber Salzschäden an Bäumen und belastet das Grundwasser nicht. Nicht vergessen werden sollten die Vögel in der kalten Jahreszeit, die regelmäßig zu füttern sind. Am besten die Futterstellen täglich kontrollieren und bei Bedarf Vogelfutter nachfüllen!

Der Gartenteich im Winter.

Im Gartenteich, falls Fische überwintern, muß die Sauerstoffzufuhr durch ein eisfreies Loch gewährleistet sein. Man senkt dazu den Wasserspiegel unter der Eisschicht etwas und deckt das Loch mit einer Styroporplatte ab. So wird das Loch eisfrei gehalten.

Manche Immergrüne brauchen Wasser

Die Immergrünen im Garten sind stärker bedroht von der Trockenheit als von winterlicher Kälte, vor allem wenn es im Spätsommer und Herbst nicht allzuviel Regen gegeben hat. Sie verdunsten über Blätter oder Nadeln Feuchtigkeit, das gilt auch für die kalte Jahreszeit. Haben sie nicht genügend Wasser gespeichert, sehen sie aus, als ob sie Frostschäden hätten, dabei handelt es sich meist um Zeichen großen Wassermangels. Die Nässe kann in den kalten Wintermonaten kaum in den Boden eindringen, und zumal bei starken Frösten gefriert der Wasservorrat in der Erde. Deshalb sind die Immergrünen an milden Wintertagen bei schnee- und frostfreiem Boden zu wässern. Besonders günstig ist es, wenn man den Boden um Koniferen, Alpenrosen, Rhododendren und andere Immergrüne zu Beginn des Winters mit einer dicken Laub-, Rasenmulch- oder Strohschicht abdeckt. Dann dringen auch starke Fröste nicht so tief in den Boden ein. Damit das Laub nicht davonfliegt, empfiehlt es sich, etwas Reisig oder Sackleinwand darüberzudecken.

Den Rasen gut durch den Winter bringen

Der Rasen ist im Winter, vor allem wenn es reichlich Niederschlag gegeben hat, sehr empfindlich. Deshalb tut man gut daran, ihn in den kalten Monaten in Ruhe zu lassen. Man sollte ihn auch nach Schneefall nicht betreten; durch eine lockere Schneeauflage ist die Luftzufuhr für das Gras nämlich gewährleistet, nicht aber, wenn der Schnee verharscht, festgetreten und eisig wird. Winterschäden am Rasen entstehen nicht selten durch steinhart gefrorene Schneeflächen, die den Boden, die Graspflanzen von jeder Luftzirkulation abschließen. Da kann man nur einen Rechen zur Hand nehmen und alles gründlich auflockern. Auf die gleiche Weise muß verhindert werden, daß sich auf Rabatten verharschter Schnee und Eisstreifen bilden, die an wolkenlosen Tagen bei Sonne wie ein Reflektor wirken und die Sonnenstrahlen auf die sonst gut beschattet liegenden Gehölze lenken. Die Rinde könnte Risse bekommen, und zu früher Austrieb die Folge solch einer verfrühten Wärmebehandlung sein. Die aufgerauhte oder mit Torf überstreute Fläche aber reflektiert nicht mehr.

Auslichten und Ausschneiden

Da Bäume und Sträucher jetzt unbelaubt sind, kann man Struktur und Gerüst der Äste sehr gut erkennen. Für Korrekturen durch einen Winterschnitt ist deshalb die richtige Zeit. Auch Hecken können schon geschnitten werden. Allerdings sollten die Temperaturen nicht unter −5° C liegen. Nicht geschnitten werden natürlich Frühjahrsblüher unter den Sträuchern wie Forsythien,

Kulturfolge bei Gemüsekulturen

mögliche Vorkulturen	*Hauptkultur*	*mögliche Nachkulturen*
Feldsalat, Winterportulak	**Blumenkohl/ Brokkoli, früh**	Salat, Endivien, Zuckerhut Winterrettich, Radies, Gründüngung, Spinat
Kopfsalat, Spinat, Rettich, Radies, Kohlrabi	**Blumenkohl/ Brokkoli, spät**	–
Winterspinat, Radies Schnittsalat	**Buschbohnen, früh**	Winterspinat, Feldsalat, Radies
Kopfsalat, Spinat, Kohlrabi, Rettich, Frühmöhren	**Buschbohnen, spät**	– –
Winterspinat, Radies, Rettich, Schnittsalat, Wintersalat	**Stangenbohnen**	–
Erbsen, Frühmöhren, Kohlrabi, Kopfsalat	**Chinakohl**	–
Feldsalat, Winterportulak, Winterporree, Rosenkohl	**Erbsen**	Salat, Endivien, Zuckerhut, Chinakohl, Rettich, Radies, Spinat
Bohnen, Kohlrabi, Möhren, Kopfsalat	**Feldsalat**	diverse
Kopfsalat, Spinat, Kohlrabi, Schalerbsen, Radies, Rettich	**Grünkohl**	–
Radies, Schnittsalat, Winterspinat, Wintersalat	**Gurken**	–
Radies, Schnittsalat, Winterspinat, Wintersalat	**Kürbis, Zucchini, Squash**	–
Feldsalat, Winterporree, Rosenkohl	**Möhren, früh - mittelfrüh**	Chinakohl, Herbstrettich, Radies, Herbstsalat, Spinat
	Möhren, spät	–
Radies Schnittsalat, Winterspinat, Winter- und sehr früher Kopfsalat	**Paprika**	–
Feldsalat	**Porree, Sommer und Herbst**	Gründüngung, Winterspinat

Beet belegt von – bis	*Aussaat*	*Pflanzenanzucht*
April – Juli	Anfang März	unter Glas
Juni – November	Ende Mai	Freilandbeet
Mitte Mai – August	Mitte Mai	–
Ende Juni – Oktober	Ende Juni	–
Mitte Mai – Oktober	Mitte Mai	–
Mitte Juli – Oktober	Mitte Juli bis Anfang August	–
April – Juli	Ende März – April	–
August – Februar	August – September	–
Ende Juni – Winter	Ende Mai	Freilandbeet
Mitte Mai – Oktober	Mitte Mai	–
Mitte Mai – Oktober	Anfang – Mitte Mai	–
März/April – Juli/August	März – April	–
April – November	April – Anfang Mai	–
Mitte/Ende Mai – Oktober	Ende März	unter Glas
April – Oktober	März/April	Frühbeet/ Freilandsaatbeet

Das Schema bewährter Kulturfolgen wurde von der Firma Sperling + Co. in Lüneburg entwickelt.

mögliche Vorkulturen	*Hauptkultur*	*mögliche Nachkulturen*
Spinat, Radies, Rettich, Salat, Kohlrabi	**Porree, Winter**	–
Feldsalat, Winterporree, Winterportulak	**Rettich, früh**	Gurken, Tomaten, Zucchini, Zuckermais, Melonen, Bohnen
Radies, Schnittsalat, Wintersalat, Winterspinat	**Rettich, Sommer**	Spinat, Kopfsalat, Endivien
	Rettich, Herbst und Winter	–
Kopfsalat, Radies, Rettich, Spinat, Frühmöhren	**Rosenkohl**	–
Feldsalat, Winterporree, Radies, Schnittsalat, Spinat	**Rotkohl (Weißkohl, Wirsingkohl)**	Gründüngung
Feldsalat, Winterporree, Radies, Schnittsalat, Spinat	**rote Rüben**	–
Feldsalat	**Salat (Kopf- und Schnitt-) früh**	Busch- und Stangenbohnen, Tomaten, Gurken, Melonen, Zuckermais
Winterporree, Radies, Winterspinat	**Salat (Kopf- und Pflück-) Sommer**	Spinat, Feldsalat, Rettich, Radies, Endivien Gründüngung
Erbsen, Erdbeeren, Kohlrabi, Radies, Rettich	**Salat (Kopf- und Pflück-) Herbst**	–
Erbsen, Erdbeeren, Kohlrabi, Radies, Rettich, Frühmöhren	**Salat-Endivien**	–
Erbsen, Kopfsalat, Kohlrabi, Blumenkohl, Frühmöhren, Rettich, Radies	**Salat-Zuckerhut, Radicchio**	–
Kopfsalat, Radies, Winterspinat, Winterporree	**Salat-Chicorée**	–
Kopfsalat, Radies, Winterspinat, Schnittsalat, Winterporree, Feldsalat	**Sellerie**	–
Feldsalat, Winterporree	**Spinat, Frühjahr**	Gurken, Tomaten, Stangenbohnen, Kohlrabi, Salat

	Beet belegt von – bis	Aussaat	Pflanzenanzucht
	Juni – April	Mai	Freilandsaatbeet
	März – Ende Mai	März – Anfang April	–
	Mai – Juli	Mai – Anfang Juli	–
	August – Oktober	Ende Juli – August	–
	Ende Juni – März	Mai	Freilandsaatbeet
	Mai – September/Oktober	April	Freilandsaatbeet
	Mai – Oktober	Ende April – Mai	–
	März – Mai	Februar – März	unter Glas
	Ende April – Juli	Ende Juni	Freilandsaatbeet
	Juli – Oktober	Mitte – Ende Juli	Freilandsaatbeet
	Juni/Juli – Oktober	Juni	–
	Juli – Dezember	Anfang – Mitte Juli	–
	Mitte Mai – November	Mitte – Ende Mai	–
	Mitte Mai – Oktober	März	unter Glas
	März – Mai	März – April	–

mögliche Vorkulturen	*Hauptkultur*	*mögliche Nachkulturen*
Kopfsalat, Kohlrabi, Erbsen, Frühmöhren	**Spinat, Herbst**	–
Gurken, Kopfsalat, Bohnen, Möhren, Blumenkohl	**Spinat, Winter**	diverse
Kopfsalat, Radies, Kohlrabi, Spinat, Winterporree	**Tomaten**	–
Feldsalat, Winterporree	**Zwiebeln**	Winterspinat, Feldsalat

Flieder, Zierkirschen u.a., weil sonst die Blüte beeinträchtigt wird. Bei trockener und möglichst frostfreier Witterung werden die Sträucher gründlich ausgelichtet bzw. eingekürzt. Mehrjähriges Holz, das an der dunkleren Rindenfarbe zu erkennen ist, wird dicht über dem Boden abgeschnitten.

An den Obstbäumen wird bei günstiger Witterung ebenfalls mit den Schnittarbeiten begonnen. Ein regelmäßiger Schnitt fördert Ertrag und Fruchtqualität gleichermaßen. Wenn Äste sich gegenseitig behindern oder wenn zu viele Triebe senkrecht hochwachsen, werden einige von ihnen herausgeschnitten. Deshalb geht es beim Winterschnitt hauptsächlich um das Auslichten der Baumkrone. Sie muß so weit offen sein, daß die Blätter und

Gartengeräte zum Graben, Rechen, Kultivieren, Wässern, Schneiden, für die Pflege des Rasens und der Topfpflanzen.

	Beet belegt von – bis	*Aussaat*	*Pflanzenanzucht*
	Ende Juli bis Ende Oktober	Ende Juli bis Ende August	–
	September – April	Mitte September	–
	Ende Mai – Oktober	März	unter Glas
	März – Anfang September	März – Anfang April	–

Früchte später genügend Sonne bekommen und die Luftzirkulation gewährleistet ist.
Aber nach den Gesetzmäßigkeiten der Schnittbehandlung bringt ein kräftiger Rückschnitt eine starke Neutriebbildung. Daher setzt das richtige Schneiden von Obstbäumen gewisse Kenntnisse voraus. Vielleicht kann man sein Wissen in speziell angebotenen Schnittkursen erweitern.
Werden Obstbäume zu wenig geschnitten, tragen sie zwar viele Früchte, vergreisen aber bald. Schneidet man zuviel an wüchsigen Obstbäumen, so gibt es oftmals Wasserschosse. Sie alle müssen im Frühjahr restlos entfernt werden. Größere Zweige, die ganz entfernt werden, schneidet man flach am Stamm weg und bestreicht die Wunden gleich mit Baumwachs. Wichtig ist beim Schneiden im Winter, daß es an diesem Tag frostfrei ist.
Der Winterschnitt bedeutet gleichzeitig vorbeugenden Pflanzenschutz. Alle kranken Pflanzenteile und die Fruchtmumien werden entfernt. Krebs- und moniliakranke Zweige und Äste unbedingt sofort vernichten!

Pflanzen zur Winterzeit

Im allgemeinen werden Pflanzungen natürlich nicht im Winter vorgenommen, doch kann sich einmal die Notwendigkeit ergeben. Sobald der Boden frostfrei ist, kann an warmen Tagen gepflanzt werden. Natürlich kommen nur Containerpflanzen für diese Winterarbeit in Frage, weil sie durch das Umsetzen vom Topf in den »offenen« Boden auch im Winter kaum beeinträchtigt werden. Man kann also getrost die schöne Edeltanne, die als Weihnachtsbaum ausgedient hat, mit ihrem Wurzelballen in die Erde senken.
Auch Stauden und Laubgehölze lassen sich im Winter pflanzen und verpflanzen, wenn der Boden offen ist.
Man muß sie dann allerdings sehr gut andrücken, damit der Frost sie nicht hochhebt. Tägliche Kontrollen und nochmaliges Antreten sind wichtig, damit die Pflanzen nicht vertrocknen.
Bei den Gehölzen muß Sorge getragen werden, daß beim Einpflanzen die Erde um die Wurzeln dicht gefüllt wird. Hohlräume könnten der Pflanze gefährlich werden. Trotz der kalten Jahreszeit muß der Strauch oder Baum kräftig angegossen werden. Am besten packt man auf den Wurzelbereich, also rund um die Pflanze, eine dicke Schicht Laub und deckt dieses mit Reisig ab.

Sogar Blumenzwiebeln lassen sich noch im Januar pflanzen und blühen trotz Verspätung im Frühling.

Kälteschock zum Keimen

Weil es im Intensivgarten nicht zuletzt darauf ankommt, möglichst früh im Jahr Jungpflanzen zu haben, lohnt es sich, die Staudenarten zu kennen, die nicht nur den Frost und die Kälte nicht scheuen, sondern beides sogar brauchen, um zum Keimen zu kommen.
Zu den Samen, bei denen der Keimvorgang durch niedrige Temperaturen ausgelöst wird, gehören beliebte Gartenpflanzen, wie beispielsweise Anemone, Christrose, Trollblume, Akelei, Enzian, Primel, Rittersporn, Silberdistel und Eisenhut. Man nennt diese Arten Frostkeimer, was eigentlich irreführend ist, denn meist reichen zur Keimstimulierung bereits Temperaturen von wenig über null Grad aus. Schnee wirkt sich positiv auf die Keimung aus. Wer sich für diese Arten die Jungpflanzen selbst heranziehen will, der sollte den Samen in Schalen, mit humosem, durchlässigem Substrat säen und ihn stärker als sonst mit Erde abdecken. Das Gefäß wird an einen schattigen, windgeschützten Platz gestellt. Man kann die Erde ohne weiteres durchfrieren, darf sie aber nicht austrocknen lassen. Wenn kein Schnee gefallen ist, die Saatkisten gelegentlich gießen! Nach dem Keimen im Frühjahr kann man sie bis zum Verpflanzen an geschützter Stelle stehen lassen. Ist eine Sorte darunter, die auch ohne Kälte keimt, so schadet ihr die Abkühlung keineswegs.

Samen aufbewahren

Natürlich kann man das im letzten Jahr übriggebliebene Saatgut noch verwenden, wenn es vorschriftsmäßig aufgehoben wurde und die unbedingt notwendige Keimprobe besteht. Man füllt eine flache Schale oder einen tiefen Teller mit einer Schicht feinen Sandes, der gut durchgefeuchtet ist. Noch einfacher läßt sich die Keimprobe auf zwei Lagen gut durchfeuchtetem Filterpapier (Küchentücher oder Servietten), das in Plastikschalen gelegt wird, durchführen. Es werden mindestens 20 Samen im Abstand von ca. 1 cm abgelegt. Man deckt sie mit Glas ab und läßt sie bei Zimmertemperatur ein paar Tage stehen. Aber nicht alle Samen keimen gleich schnell. Kohl, Kresse und Rettich brauchen 5–7 Tage, bei Sellerie und Petersilie kann

Wie lange bleibt das Saatgut mindestens keimfähig?

	Jahre
Bohnen	2
Endivie	4
Erbsen	3
Feldsalat	3
Gurke	4
Kohlarten	
Blumenkohl	4
Brokkoli	4
Chinakohl	4
Grünkohl	4
Kohlrabi	4
Kopfkohl	4
Radies	4
Rettich	4
Rosenkohl	4
Kopfsalat	3
Lauch	2
Mangold	4
Möhre	3
Paprika	3
Petersilie	2
Rote Rübe	4
Schnittlauch	2
Schwarzwurzel	1
Sellerie	3
Spinat	3
Tomate	4
Zwiebel	2

die Keimzeit bis zu 14 Tagen betragen. Keimt dann mindestens die Hälfte der Samen, ist das Saatgut noch zu verwenden. Aber nur gesunde Keimlinge zählen! Saatgut muß übrigens trocken und kühl gelagert werden. Am besten bewahrt man es in luftdicht verschließbaren Schraubdeckelgläsern oder Keramik- oder Porzellangefäßen auf, die mit etwas Silicium-Granulat gefüllt sind.

Ernten im Januar

Feldsalat: Dieser besonders beliebte Wintersalat hat viele Namen, etwa Rapunzel oder Ackersalat oder Nüßlisalat. *Valerianella locusta* gehört zur Familie der Baldriangewächse.

Ackersalat wächst fast an jedem Standort, am besten aber entwikkelt er sich in lockerem Boden, der nicht zu nährstoffreich und unkrautfrei ist.

Alljährlich ist allerdings der Platz, an dem man sein Feldsalatbeet hat, zu wechseln. Man sät zwischen Ende August und Anfang Oktober aus.

Mehrere Folgesaaten sind empfehlenswert, damit man mit dem Salatvorrat gut durch den Winter kommt. Der Saatgutbedarf beträgt 2 g/m^2.

Gesät wird in Reihen (in etwa 10 cm Abstand) und bei Bedarf vereinzelt. Ursache für mangelhaftes Auflaufen ist häufig fehlendes Wasser. Bei früher Aussaat zwischen dem 5. und 10. August kann ab Oktober bis Dezember die Ernte eingebracht werden. Bei späteren Aussaaten – am besten ins Frühbeet oder unter Folie –

Grünkohl schmeckt am besten nach einigen Frostnächten.

sind die Rosetten im Winter und bis zum Frühjahr erntereif. Bei der Ernte werden die ganzen Pflanzenrosetten am Wurzelhals abgeschnitten, damit der Putzaufwand erträglich bleibt. Feldsalat schmeckt vorzüglich in einer Zitronen-Sahne-Marinade, aber auch angemacht in feinem Olivenöl und Weinessig oder in Knoblauch-Marinade.

Grünkohl: Viele Liebhaber deftiger Hausmannskost wissen Grünkohl oder Braunkohl (*Brassica oleracea* conv. *acephala* var. *sabellica*) zu schätzen, aber nur nachdem er niedrigen Temperaturen ausgesetzt war; Kältegrade nehmen dieser Kohlart nämlich eine gewisse Bitterkeit. Üblich ist die Pflanzung ab Juli bis Anfang August im Abstand von 40 × 50 cm. Es treten kaum Krankheiten und Schädlinge auf. Bei der Ernte verwendet man zuerst die unteren Blätter und pflückt sich langsam noch oben. Am besten schmeckt Grünkohl im Spätwinter, weil dann die Innenblätter besonders zart und frisch sind.

Grünkohl hat einen besonders hohen Anteil an Vitamin A, B und C und enthält auch reichlich Eiweiß und Mineralstoffe. Grünkohl bildet keine Köpfe, sondern steht in lockeren Blattrosetten. Der ungewöhnlich hohe Vitamingehalt ist wohl dadurch zu erklären, daß die Blattmasse, die dem Licht und der Sonne aus-

gesetzt ist, bei dieser Pflanze besonders groß ist. Die Ränder der Blätter sind gekräuselt, was der Pflanze auch den Namen Krauskohl einträgt.
Grünkohl ist vor allem in Norddeutschland eines der Lieblingsgemüse des Winters. In den verschiedenen Landschaften gibt es zahlreiche traditionelle Zubereitungsarten. Am besten sollte man zum Grünkohl etwas Geräuchertes essen. Zubereitet wird er bevorzugt mit Speck oder Schweineschmalz.

Was blüht im Januar?

Zaubernuß: Ein Hamamelis-Strauch im Garten ist eine richtige Kostbarkeit, vor allem wenn er im Januar, mitten in Schnee und Eis, die ersten Blüten hervorbringt. Der deutsche Name, Zaubernuß, scheint auf eine Verwandtschaft mit der Haselnuß hinzuweisen, der sie zwar ähnlich sieht, mit der sie aber nicht verwandt ist.
Die Zaubernuß wird 3–6 m hoch, die Blüten sind je nach Sorte gelb, orangefarben oder rot. Die Früchte platzen auf, sobald die haselnußgroßen Nüßchen reif werden, und der Samen wird weit in die Umgebung geschleudert. Manche Arten bekommen buntes Herbstlaub.
Zaubernüsse sollte man ganz in die Nähe des Hauses setzen, damit man sich im Winter vom Fenster aus an ihrem prächtigen Blütenschmuck erfreuen kann. Sie bekommen am besten einen geschützten Platz nahe der warmen Hauswand. Besondere Ansprüche an den Boden stellen sie nicht, vertragen keine Staunässe und bevorzugen leicht sauren Boden. Die frostharten Hamamelisblüten können Temperaturen von bis minus 10° C verkraften. Wenn es ihnen zu kalt wird, rollen sie sich einfach zusammen. Wird es wärmer, entfalten sie sich wieder und duften wunderschön. Besondere Pflege brauchen diese Gehölze nicht. Rückschnitt ist überflüssig. Eine Kompost- oder Torfauflage im Herbst erweist sich als günstig. Jungen Sträuchern gibt man leichten Winterschutz. Bei älteren Gehölzen ist dies kaum möglich.
Hamamelis mollis, die Chinesische Zaubernuß, ein silbrig schimmernder, höchst dekorativer Strauch oder kleiner Baum, wächst etwa 4 m hoch und hat schönes glänzendes Laub, das sich goldgelb färbt und deshalb im Herbst eine Augenweide bietet. Die Blüten können bis 4 cm groß werden und sind goldgelb.
Hamamelis japonica, die Japani-

Hamamelis mollis, *die bekannteste und beliebteste Zaubernuß gibt einem Wintertag Duft und Farbe.*

sche Zaubernuß, wird 3–5 m hoch und fühlt sich im hellen Laubschatten höherer Gehölze recht wohl. Ihr Laub wird im Herbst leuchtend rot, und ihre duftenden Blüten sind gelbrot.

Winterjasmin: Wer sich schon im Januar am Anblick eines 2–4 m

Winterjasmin ist winterhart und blüht bei nicht allzu starker Kälte den ganzen Winter.

hohen Strauches erfreuen möchte, der um diese Zeit zwar kein Laub trägt, aber dafür besetzt ist mit dekorativen gelblichen Blüten, der sollte sich für einen Winterjasmin (*Jasminum nudiflorum*) entscheiden. Die vierkantigen Äste sind dicht verzweigt und schlank, die gegenständigen Blätter an der Oberseite dunkel- und an der Unterseite silbrig-grün. Die ersten Blüten erscheinen meist Anfang Januar. Wird die erste Blüte vom Frost erwischt, folgt schon bald die nächste. Die Blüten halten sich bis April auf den kahlen Zweigen.

Am besten behagt dem Winterjasmin durchlässiger, lehmiger Boden. Er braucht einen geschützten Platz in Sonne oder Halbschatten, am besten an Mauerwänden, die auch im Winter etwas Sonne bekommen. Er eignet sich sehr gut zum Begrünen von Wänden und Mauern, braucht aber Unterstützung beim Klettern. Der Spreizklimmer sollte mit seinen Trieben zunächst angebunden werden.

Die Vermehrung erfolgt durch Stecklinge. Vor allem Stecklinge von buschigen Trieben wachsen leicht an. Sie werden im Frühjahr oder im Herbst geschnitten. Die Stecklinge des Winterjasmins bewurzeln sich am besten in guter Blumenerde, der man etwas Sand beimischt; sie sollten unter Glas und an einem hellen, mäßig warmen Platz gehalten werden.

Schneeheide: *Erica herbacea (carnea)* ist geradezu ein farbiger Lichtblick in den sonst ziemlich blütenlosen Wintermonaten. Sie ist absolut winterhart. Ab Ende November zeigt sie ihre rosa Blütenstände, aus deren Blüten lange rote Staubfäden heraushängen. Anders als andere Erica-Arten liebt die Schneeheide kalkreiche Boden, blüht aber auch dort noch, wo der Boden schwach sauer ist. Die Pflanzen werden 25–30 cm hoch; es gibt auch weiße und rotviolette Sorten.

Solange die einzelnen Pflanzen noch nicht zu einem Teppich zusammengewachsen sind, sollte man die Zwischenräume mit einer Mulchschicht bedecken, um den Boden frisch zu halten. Man kann die jungen Pflanzen in den ersten Jahren zurückschneiden, weil sie danach voller werden und sich weiter verzweigen. Frische Triebspitzen lassen sich als Stecklinge verwenden. Es dauert etwa einen Monat, bis sich an dem in die Erde des Frühbeetkastens gesteckten Trieb (etwa 4 cm lang) die ersten Wurzeln bilden. Günstiger Stecktermin ist im August/September.

Februar

Der Februar mit den nun länger werdenden Tagen läßt zwar schon den Frühling ahnen, doch können Frost und Kälte in diesem Monat noch beträchtlich schaden. Der Hobbygärtner muß vor allem dann auf der Hut sein, wenn bei starkem Frost keine schützende Schneedecke die Pflanzen bedeckt. Auch intensive Sonneneinstrahlung kann den Pflanzen, zumal den Immergrünen, schaden, denn an besonnten Stellen führt die Tageswärme zum Beginn des Saftanstiegs, und darauf folgende Nachtfröste sprengen dann die Zellen. Stämme freistehender Bäume werden mit Kalkmilch oder einem Fertigpräparat angestrichen. Oder man muß unter Umständen für einen Schutz mit Hilfe von Sackleinwand, Strohmatten oder Reisig Sorge tragen. Das gilt außer für Immergrüne auch für manche Wintergemüse, die unbedingt vor Frost geschützt werden müssen. Feldsalat, Winterzwiebeln und auch Spinat wintern nicht aus, wenn man sie im Gewächshaus mit Zeitungspapier und im Freiland mit Reisig abdeckt.

Bei den Obstbäumen muß man sich jetzt um schadhafte Stellen an der Rinde und um unter dem Gewicht des Schnees abgebrochene Äste kümmern, wo nötig, glatte Schnitte anlegen und diese mit Wachs bestreichen.

Natürlich gibt es im Februar aber nicht nur Arbeit und Vorsorge im und um den Garten, sondern jetzt reifen buchstäblich die ersten Blütenträume. Außer den leuchtend gelben Winterlingen lugen bereits die ersten Schneeglöckchen unterm Schnee hervor.

Was gibt's im Februar zu tun?

Letzte Chance zum Winterschnitt

Wer noch vor dem Einschießen des Saftes in die Obstbäume zur Schere greifen muß, der sollte dies möglichst bald tun, denn die Tage im Februar werden deutlich länger, und die Sonne hat schon wieder mehr Kraft. Wenn man also bis jetzt noch keine Gelegenheit zum Winterschnitt der Obstbäume gefunden hat, muß man die letzten kalten Tage nutzen; denn sobald das Thermometer bereits einige Grad über Null

Hier muß zurückgeschnitten werden.

Gutes Werkzeug ist wichtig.

Wasserschosse werden entfernt.

Sträucher zurückschneiden.

zeigt, und das über einen Zeitraum von mehr als einer Woche, beginnt der Saftkreislauf in den Obstbäumen.

Obstbäume schützen

Es ist günstig, die Stämme der Obstbäume, zumal wenn sie als Spaliere an den Wänden stehen, weiß anzustreichen. Für den Kalkanstrich verrührt man in 10 l Wasser 2–2,5 kg Branntkalk und setzt zur besseren Haltbarkeit Tapetenkleister zu. Sicherer ist es, sie vor der oft schon intensiven Sonne durch Einbinden mit Säcken oder Wellpappe zu schützen, damit die Saftzirkulation nicht zu früh beginnt und der Baum Frostschäden bekommt.

Sträucher teilen

Wer seinen Garten gerade erst anlegt, also noch Bedarf hat an allerlei Ziersträuchern, der sollte jetzt daran gehen, Sträucher, die viele Triebe haben, zu teilen. Sobald der Boden frostfrei ist, werden sie ausgegraben und mit einem scharfen Messer oder Spaten durchgeschnitten. Es ist darauf zu achten, daß jedes Teilstück genügend Wurzeln und mindestens zwei Triebe hat. Die neugewonnenen Strauchteile werden in gute Gartenerde gesetzt, die mit reichlich Kompost vermischt ist, damit sich das Teilstück, dessen Wurzel man vor der Pflanzung etwas abschneidet, bald wieder bewurzelt. Die Pflanzstelle wird gegossen und mit Mulchmaterial bedeckt.

Man erspart sich durch diese Art Vermehrung die Anschaffung neuer, oft recht kostspieliger Sträucher.

Kälte ohne Schnee

In einem schneereichen Winter gibt es kaum Frostschäden an Bäumen, Gemüsen und Blütenstauden. Schneit es reichlich auf

Mit Zweigen schützt man Pflanzen vor Frost und Sonne.

die Beete, hat man also kaum Grund zur Sorge. Bleibt der Schnee aber aus, kann der sogenannte »Kahlfrost« vielen Pflanzen zu schaffen machen. Jung gepflanzten Bäumen sollte man einen dicken Bodenschutz aus Laub- oder anderem Mulch geben.

Auch in den Staudenbeeten kann es zu schweren Frostschäden kommen, wenn Kahlfrost tief in den Boden dringt.

Eine dicke Schutzschicht aus Mulch ist also angezeigt. Schnee ist zwar ein ausgezeichneter natürlicher Schutz vor starkem Frost, aber nur, wenn er die Pflanzen, die unter ihm stecken, nicht mit seiner Last erdrückt. Schneeschutz ist nur dann gewährleistet, wenn es sich um eine lockere Schicht handelt und nicht um eine schwere feste Masse, die die Pflanzen belastet. Vorsicht also auch beim Freischaufeln von Terrassen und Gartenwegen! Den geräumten Schnee nicht wahllos über die benachbarten Beete verteilen!

Neugepflanztes schützen

Wenn Bäume und andere Gehölze erst im Herbst gepflanzt wurden, kann die warme Wintersonne die Verdunstung zu stark anregen. Triebspitzen oder ganze Zweige werden braun und vertrocknen. Besonders gefährdet sind Immergrüne, die immer viel Feuchtigkeit im Boden brauchen, wie etwa Rhododendron. Sie können einen allzu sonnigen Platz im Garten jetzt nicht verkraften und müssen vor der gefährlichen Sonne durch schattenspendendes Material geschützt werden. Auf junge Pflanzen legt man Reisig oder Tannenzweige.

Eine andere Möglichkeit ist, Matten so aufzustellen oder zu spannen, daß die Pflanzen genügend Schatten finden.

Samenbestellung und Saatgutbeizung

Bald beginnen nun die frühen Anzuchten. Die neuen Samenkataloge liegen jetzt vor. Überlegt werden muß der Zukauf von fehlendem Saatgut. Die Auswahl neuer Gemüsesorten und von Blumenneuzüchtungen ist groß. Im Fachhandel gibt es Ratschläge zur Sortenwahl und Hinweise auf Neuheiten bei Blumen- und Gemüsesämereien.

Nicht vergessen werden sollte die Saatgutbeizung, um die jungen Pflanzen vor Auflaufkrankheiten zu schützen. Trockenbeize ist bei Gemüsesamen üblich. Die Wirkung des Beizmittels hält auch bei längerer Lagerung an.

Folientunnels sind vielseitig. Je nachdem, ob man eine Pflanze oder eine ganze Reihe schützen will, können sie auf verschiedene Längen geschnitten werden.

Folientunnel

Zu einem der wichtigsten Einrichtungen des Intensivgartens gehört der Folientunnel, und er macht sich gerade in dieser Zeit, also in den ersten Tagen des Vorfrühlings bezahlt, wenn es schon immer mehr frostfreie Tage gibt. Wer vor allem auf eine frühzeitige Versorgung mit frischen Kräutern und Salat Wert legt, ist gut beraten, sich einen Folientunnel anzuschaffen oder selbst zu fabrizieren. Man kann diese einfachen und zweckmäßigen Tunnels benutzen, wenn der Winter allmählich zu Ende geht.

Stellt man sie an einem schneefreien Tag über das Kräuterbeet, dann bringen Zitronenmelisse, Liebstöckel und Minze viel früher ihre ersten aromatischen Blättchen hervor, deren Vitamine wir um diese Jahreszeit besonders gut gebrauchen können. Die Rhabarberernte läßt sich um zwei bis drei Wochen verfrühen, und die ersten Erdbeeren können unter einem Tunnel sogar schon einen Monat eher geerntet werden. Ein solcher Tunnel erweist sich aber nur dann als nützlich, wenn er richtig aufgestellt wird. Wichtig ist, daß er von den Seiten belüftet wird, damit es auch bei starker Sonneneinstrahlung keinen Hitzestau gibt. Deshalb ist der Tunnel hoch genug über die Pflanzen zu stellen, und die Lüftung muß leicht zu bewerkstelligen sein. Am besten wird ein Folientunnel in Nord-Süd-Richtung aufgestellt.

Warmes Frühbeet

Sehr früh gepflanzt werden kann in ein Frühbeet, das mit Rinder- oder Pferdemist gepackt wurde. Mit einer 30–50 cm starken Schicht wird eine gute Wärmeentwicklung erreicht. Feste Packungen geben die Wärme langsamer ab. Man deckt mit einer 20 cm starken Erdschicht ab,

Die Frühbeetkästen der Gärtnerei kann man sich mit alten Fenstern z. B. leicht selber machen. Statt des Holzfundamentes können Sie auch mit einer Unterlage aus Ziegelsteinen arbeiten.

die nicht weiter als 25 cm von der Glasfläche entfernt sein sollte. Gepflanzt werden kann erst 3–5 Tage nach dem Packen, damit das sich bildende schädliche Ammoniak entweichen kann. In kalten Nächten wird das Frühbeet mit Decken oder Säcken abgedeckt. An sonnigen Tagen das Lüften nicht vergessen und lieber zuviel als zu wenig lüften! Der im Februar gepflanzte Salat kann im April geerntet werden.

Kletterrosen schützen

Kletterrosen, die an der Sonne stark ausgesetzten Spalieren ranken, können, bedingt durch zu starke Wärmeentwicklung, vorzeitig austreiben. Die Sonnenwärme wird nämlich von der Wand gespeichert und an die Klettergehölze abgegeben. Wenn eine feuchtmilde Witterung einsetzt, beginnt der Austrieb. Bei anschließenden Frösten friert der junge Austrieb, und die Gehölze leiden. Deshalb sollte man den Winterschutz erst entfernen, wenn kein Frost mehr im Boden ist und auch dann noch das Deckreisig liegenlassen, um bei Temperaturrückschlägen das Tannenreisig mit den Spitzen nach unten am Spalier anbinden um die Rosen locker überdecken zu können. Zwischen den Gehölzen und dem Reisig-Sonnenschutz soll noch etwas Zwischenraum sein, damit eine gute Belüftung gesichert ist, weil sich andernfalls leicht Pilze einstellen.

Säen und Ernten im Februar

Porree: Wer winterharte Sorten im letzten Herbst gesät, die Pflanzen vor Einbruch des Winters angehäufelt und rundherum mit reichlich trockenem Laub abgedeckt hat, der kann noch immer Porree aus dem Garten ernten. Zugleich muß man Ende Februar schon an den Porree für den nächsten Sommer denken. Porreesamen, der nicht älter als 2 Jahre sein soll, weil er sonst nicht mehr keimt, kann man im Februar aussäen, entweder in Schalen oder ins warme Frühbeet. Saatschalen

Porree vom letzten Jahr kann jetzt geerntet werden.

werden an einen hellen Platz gestellt; die Samen müssen feucht gehalten werden und brauchen Zimmertemperatur. Die Sämlinge können dann in Töpfe vereinzelt werden. Sobald sich kräftige Pflänzchen mit Wurzelballen entwickelt haben, kann man diese an Ort und Stelle ins Freiland setzen und mit Folie abdecken.

Frühkohlarten (Weiß-, Rotkraut, Wirsing, Kohlrabi): Damit es im Intensivgarten von Frühjahr bis Herbst und in den Winter keinen Leerlauf gibt, werden auch die Frühkohlarten für die Sommerernte schon jetzt gesät. Man sät Ende Februar in Saatschalen, die dann einen hellen warmen Platz, z. B. am Fensterbrett, brauchen, oder ins Frühbeet und versetzt die Jungpflanzen, wenn sie groß genug geworden sind, mit 40 bis 50 cm Abstand ins Freiland. Die Folgesaaten von später reifenden Sorten kann man noch bis Mitte April vornehmen. Dann ist man den ganzen Sommer und Herbst mit frischem Wirsing versorgt.

Kartoffeln: Natürlich hat im Intensivgarten auch ein kleines Kartoffelbeet mit der oder den Lieblingssorten der Familie Platz. Und damit man rechtzeitig vorgekeimtes Saatgut zur Hand hat, werden ausgewählte Saatkartoffeln nebeneinander in eine flache Kiste gelegt. Ab Februar werden Kartoffeln in einem hellen, warmen Raum vorgetrieben. Dabei bilden sich kurze, kräftige, grünrote Keime. Man rechnet für das Vortreiben 4–5 Wochen. Im Frühjahr, wenn der Boden bearbeitet werden kann, pflanzt man die angekeimten Saatkartoffeln. In klimatisch günstigen Gebieten legt man sie schon im März, üblicherweise aber in der 2. Aprilwoche oder später im Abstand von 60 × 30 cm etwa 10 cm tief in den Boden.

In ein 3 m langes Beet kommen etwa 20 Saatkartoffeln; man legt sie in 2 Reihen. Von diesem Beet, das seinen Platz am Ende des Gemüsegartens finden kann, erntet man, wenn die Witterungsbedingungen günstig waren, etwa 30–40 Kilogramm Frühkartoffeln. Gegen eventuell auftretende Spätfröste oder zum weiteren Verfrühen schützt man die Kartoffeln durch Folien.

Nach dem Erscheinen der jungen Triebe wird gehackt, zwei Wochen später müssen die Jungpflanzen angehäufelt werden. Das Beet, das für den Kartoffelanbau vorgesehen ist, wird übrigens schon im Herbst gut vorbereitet. Man düngt mit Kompost oder mit reichlich verrottetem Mist. Wenn möglich sollte man eine Fruchtfolge einhalten und alle 5 Jahre Kartoffeln auf der gleichen Fläche anbauen. Nach der Ernte können noch andere Kulturen folgen.

Paprika: Paprika, eine besonders wärmeliebende Pflanze, muß unbedingt vorgezogen werden, weil sonst die Vegetationsperiode für das Nachtschattengewächs, das einst aus Südamerika zu uns gekommen ist, nicht ausreicht.

Der Anbau beginnt also bereits Ende Februar im Zimmer oder in einem Warmhaus. Bis zum Keimen brauchen die Samen möglichst 25° C. Ein Platz auf dem Fensterbrett über der Heizung ist besonders gut. Die jungen Keimlinge brauchen dann weiterhin viel Wärme, also einen vollsonnigen Platz. Die Pflänzchen werden etwa nach 14 Tagen in kleine Töpfe vereinzelt. Die Anzuchtprozedur beim Paprika dauert insgesamt etwa 9–10 Wochen. Dann

Mit seinen leuchtenden Blüten erscheint im Februar der Winterling.

erst kann die Pflanzung der nun schon kräftigen Paprikapflänzchen in humusreichen, aber nicht zu stark kalkhaltigen Boden erfolgen.

Was blüht im Februar?

Winterlinge: Wenn der Februar in die zweite Hälfte geht, tut sich etwas unterm Schnee oder in dem inzwischen schon schneefreien Boden. Mit leuchtendgelben Blütenhüllblättchen erscheinen die ersten Winterlinge. Allerdings halten die Pflanzen bei trüber Witterung ihre Blüten verschlossen und öffnen sich nur, wenn sie durch ein paar Sonnenstrahlen hervorgelockt werden. Sie passen gut zusammen mit Schneeglöckchen und Blausternen und sehen wunderschön unter Koniferen und anderen Immergrünen aus; sie geben dem Garten im Februar die erste Farbe. Der Winterling (*Eranthis*) ist Mitglied der Familie der Hahnenfußgewächse. Die Blätter erscheinen meist erst nach der Blüte. Die Blüten leuchten in allen Schattierungen von Gelb.
Es gibt drei verschiedene Winterlinge, die sich auch durch ihre Blühzeiten unterscheiden. *Eranthis hyemalis*, 15–20 cm hoch, blüht als erste. Anschließend entfaltet *Eranthis cilicica* ihre prächtigen Blüten. Eine Kreuzung aus beiden, *Eranthis* x *tubergenii,* gehört ebenfalls zu den Frühblühern und erfreut einen als sterile Pflanze besonders lange mit ihrem Blütenschmuck. Sie kann nur durch Brutknollen vermehrt werden.
Winterlinge sind, obwohl sie eigentlich aus dem Mittelmeerraum zu uns gekommen sind, frosthart; sie begnügen sich mit Gartenerde oder auch sandighumosem Boden, wollen aber genügend Feuchtigkeit, vor allem während der Blütezeit.
Die Vermehrung erfolgt mit Ausnahme von *Eranthis* x *tubergenii* durch Aussaat an Ort und Stelle. Später, wenn die Winterlinge im Garten bereits heimisch sind, sollte man die Stauden einfach teilen, damit man an möglichst vielen Stellen im Garten etwas davon hat.
Schneeglöckchen: Ursprünglich ist das Schneeglöckchen, das als klassischer Frühlingsbote gilt und unzählige Poeten zu Versen und Geschichten inspiriert hat, aus dem Orient und Südosteuropa zu uns gekommen.
Galanthus ist sein botanischer Name, und es ist ein Amaryllisgewächs. *Galanthus nivalis*, unser heimisches Schneeglöckchen, wächst in lichten Wäldern

auf frischem Boden. Es erscheint im Vorfrühling, wenn die Sonnenstrahlen durch die kahlen Äste bis auf den Boden dringen, und zieht ein, wenn das Laub der Bäume die Erde überschattet. Nach der Blütezeit, also im April, wird auch das Laub des Schneeglöckchens welk, und der oberirdische Teil der Zwiebelpflanze verschwindet. Von diesem Schneeglöckchen gibt es mehrere Zuchtformen. Schneeglöckchen brauchen in der Blütezeit feuchten Boden, den diese Jahreszeit ja im allgemeinen zu bieten hat. Nach der Blüte aber wollen sie auf trockenem Boden einziehen. Im Garten stehen sie am liebsten an sonnigen Plätzen, z. B. am Rand von Gehölzen oder im Gebüsch. Auch zwischen Stauden und Immergrüne kann man sie pflanzen, wenn der Garten klein ist. Doch sollte es auf jeden Fall auch im intensivst bewirtschafteten Garten einen Platz für ein paar Schneeglöckchen geben. Nur für den dichten Rasen sind sie nicht geeignet. Haben sich Schneeglöckchen, die man am besten im September oder Oktober in kleinen Horsten etwa 5–8 cm tief in die Erde setzt, auf ihrem Platz eingebürgert, können sie sehr alt werden und vermehren sich, ohne daß der Gärtner noch viel dazu tut. Schneeglöckchen brauchen keinerlei Pflege; etwas Volldünger, im Herbst oder Frühjahr ausgebracht, reicht aus.

Das Schneeglöckchen vermehrt sich an dem einmal in Besitz genommenen Platz. Nach der Blüte kann man allzu dichte Horste teilen und einen Teil der Schneeglöckchen auch in eine andere Ecke des Gartens setzen, in der man sich zeitig im Jahr an einem blühenden Frühlingsboten erfreuen möchte.

Frühblühende Krokusse: Wenn Schneeglöckchen und Winterlinge bereits blühen, öffnen sich die Blüten der frühblühenden Krokusarten. Dazu gehören der Ankarakrokus (*Crocus ancyrensis*) mit seinen orangegelben Blüten, der aus Dalmatien stammende *Crocus tomasinianus*, der gerne verwildert und blaßlila blüht, der Goldkrokus, der *Crocus chrysanthus*, von dem es viele Sorten gibt, *Crocus imperati* mit den innen rötlichlila und außen bräunlichen Blüten und *Crocus sieberi* mit vielen Formen und Sorten. Diese Arten mit Wildcharakter passen am besten zu kleinen Stauden und Gehölzen.

Vorfrühlings-Alpenrose: Aus dem Gebirge stammt eine besonders früh im Jahr blühende Alpenrose,

Zählen zu den beliebtesten Frühlingsboten: Schneeglöckchen.

die bis 90 cm hoch wird und wunderschöne große, violettrosa Blüten hervorbringt. Der hübsche Rhododendronstrauch mit den immergrünen Blättern ist bei uns absolut winterhart. Es gibt auch verschiedene, ebenfalls winterfeste Kreuzungen. Bis zum Monatsende blühen dann Seidelbast, Märzenbecher oder Frühlingsknotenblume, Blaustern, Hundszahn und das sehr früh blühende Wildalpenveilchen (*Cyclamen coum*).

März

Nun ist es vorbei mit beschaulicher Planung; jetzt, im März, verlangt der Intensivgarten dem Hobbygärtner eine Menge Arbeit ab. Aber die Vorüberlegungen zur Fruchtfolge und zur sinnvollen Aufteilung des Nutzgartens in der nun beginnenden Vegetationsperiode haben sich gelohnt. Die Sämereien sind zur Hand, die ersten Pflanzen vorgezogen. die Ziersträucher, Rosen und Obstbäume hat man bis jetzt gut durch den Winter gebracht. Trotzdem heißt es noch immer aufpassen, wenn nach ein paar wärmeren Tagen - die Sonne scheint jetzt schon mehrere Stunden und hat beträchtliche Kraft - noch einmal ein Frosthauch über den Garten weht. Da muß man Reisig und Tannenzweige, Matten und Sackleinwand schnell zur Hand haben, damit an den Gehölzen, in denen die Saftzirkulation allmählich in Gang kommt, kein Schaden geschieht. Auch ist darauf zu achten, daß der Frost nicht Frischgepflanztes heraushebt, das dann sofort wieder fest ins Pflanzbeet gesetzt werden muß. Blütenstauden und Gehölze können jetzt im März an den Stellen gepflanzt werden, an denen einem im letzten Jahr noch etwas Blütenflor oder Blattwerk zu fehlen schien. Und in den Gemüsebeeten herrscht ab sofort ständige Aktivität, denn das Säen, Pflanzen und Ernten wird nun bis in den Spätherbst andauern.

Intensivgärtnern durch Mischkultur

Es ist unsinnig, Jahr für Jahr ein Beet mit denselben Gemüsen oder Salaten zu bestellen. Mit dem gärtnerischen Fachausdruck bezeichnet man diese Anbauweise als Monokultur. Selbst bei intensiver Düngung werden auf einem monokultivierten Beet die Erträge jährlich schlechter, die Bodenfruchtbarkeit nimmt ab. Deshalb betreibt man, zumal auf kleiner, aber intensiv genutzter Fläche im Gemüsegarten, entweder eine richtige Fruchtfolge oder noch besser legt man die Beete mit Mischkulturen an. Da stehen auf demselben Beet Porree und rote Bete, Möhren, Kopfsalat und Kohlrabi. Selbst ein paar Tomatenpflanzen finden in dieser Gemeinschaft noch Platz.

Hauptnährstoffe und Spurenelemente

Element	*Wirkung*	*zuviel Dünger*	*zuwenig Dünger*
Stickstoff	Er ist der »Pflanzenmotor« für das allgemeine Wachstum: das wichtigste Element für den Aufbau der Eiweißverbindungen	Starker Wuchs, aber schwache Blüten- und Fruchtbildung, Verbrennungen	Blätter werden grüngelb, Wuchs bleibt zurück
Phosphor	Fördert Knospenbildung, Reife und Samenansatz. Auch beim Stoffwechsel spielt Phosphor eine Rolle	Die Pflanze kann kein Eisen, Zink und Kupfer mehr aufnehmen	Weniger Ertrag, schlechte Wurzelbildung, Blätter rostbraun bis violett
Kalium	Wichtig für den Wasserhaushalt	Kann zu Magnesiummangel führen	Blätter werden braun und vertrocknen. Die Pflanze stirbt ab
Magnesium	Wichtig für den Aufbau der Zellen und für die Bildung des Blattgrüns	Senkt Aufnahme von Kalium	Chlorose
Eisen	Eisen ist für die Atmung der Pflanzen nötig. Notwendig für Aufbau von Chlorophyll und Eiweiß		Die Blattnerven sind nur noch als grünes Netzwerk sichtbar
Mangan	Unentbehrlich zur Bildung von Chlorophyll	Führt zu Eisenmangel	Fleckigkeit der Blätter
Kupfer	An Photosynthese und Chlorophyllaufbau beteiligt		Chlorotische Erscheinungen jüngerer Blätter
Bor	Besonders notwendig für die Triebspitzen	Nekrotische Flecken	Absterben der Knospe, rotbraune Blattfärbung, gehemmter Wuchs
Zink	Wichtig für den Wuchs		Bei Kern- und Steinobst: Kleinblättrigkeit
Molybdän	Wichtig für den pflanzlichen Stoffwechsel		An jungen Pflanzenteilen, vor allem bei Blumenkohl und Brokkoli verkrüppelte Blätter

Ein gewichtiger Vorteil der Mischkultur ist, daß die Nährstoffe durch die unterschiedlichen Nahrungsbedürfnisse gleichmäßiger ausgenutzt werden. Der Boden bleibt bei guter Kompostwirtschaft und Düngung optimal mit allem versorgt, was die Pflanzen benötigen.

Auch im Gemüsegarten gibt es unter den Pflanzen gute und schlechte Nachbarschaft. So mögen sich etwa Fenchel und Buschbohnen, Erbsen und Buschbohnen, Zwiebeln und Erbsen bzw. Buschbohnen nicht besonders. Andererseits hält der Kopfsalat von Kohlrabi und Rettich die Erdflöhe fern, und die Tomaten bewachen den Kohl vor dem gefährlichen Kohlweißling. Zwiebeln und Möhren vertragen sich gut, weil sie die Möhren- bzw. Zwiebelfliege vertreiben.

Porree und Möhren vertragen sich ausgezeichnet.

Wichtig ist bei der Mischkultur, daß die gesamte Beetfläche ständig beschattet ist und auf diese Weise die Arbeit der Kleinlebewesen im Boden in Gang gehalten und unterstützt wird. Das Unkraut wird unterdrückt und verdrängt. Es muß weniger gehackt und gegossen werden.

Geräte für den Garten

Eine Inspektion der Gerätekammer ist nun wirklich nicht mehr aufzuschieben. Unter den Gartengeräten wird Schadhaftes aussortiert und wenn möglich ausgebessert, notfalls aber neu angeschafft. Sie brauchen, wenn Sie sich ernsthaft und intensiv mit dem Gärtnern beschäftigen, eine Grundausstattung von Gartengeräten, die für die verschiedenen Arbeitsgänge unbedingt erforderlich sind. Mit den richtigen Gerätschaften spart man sich viel Zeit und Ärger.

Spaten oder Grabegabel: Bei der Anschaffung eines Spatens sollten Sie nicht sparen; ein leichtes, gut zu handhabendes Gerät macht sich auf jeden Fall bezahlt. Das Spatenblatt aus Edelstahl gibt es in verschiedenen Größen. Kleinere und damit leichtere Ausführungen werden von Frauen oder älteren Menschen bevorzugt benutzt. Noch bequemer ist das Umgraben mit der Grabegabel, vor allem wenn die Fläche mit Steinen und Wurzeln durchsetzt ist. Für beide Geräte ist ein T-Griff zweckmäßig. Die Spatengabel ist für Gehölzrabatten geeignet, weil sie eine schonende Erdlockerung ermöglicht. Statt der früher üblichen Schlaghacke verwendet man heute die kräfteschonenderen Ziehhacken, Krümmer- oder Bügeljäter, Schuffel oder Unkrautkuli. Natürlich benötigen Sie diese Geräte nicht gleich alle, aber einige davon werden Sie sich mit der Zeit anschaffen müssen.

Grubber und Kultivator: Weitere praktische Geräte zur Bodenbearbeitung sind Grubber und Kultivator. Beide Geräte sollen einen Ziehgriff haben. Der Kultivator mit 3 oder 5 Gänsefußscharen ist zum Bodenlockern und zur Unkrautbekämpfung nützlich. Mit dem Grubber lockert man den Boden perfekt auf, die Erde wird feinkrümelig, gerade so wie man sie für eine Intensivbestellung braucht. Eine leichte Kompostschicht läßt sich damit problemlos untergrubbern.

Den Verzicht auf das Umgraben – von dem man heute weitgehend abgekommen ist, weil damit nur die unteren schlechteren Bodenschichten zutage gefördert und die durch Kompost verbesserte Oberfläche viel zu tief nach unten gerät – macht den Kultivator, aber auch das Gartenwiesel leicht. Selbst harter, verkrusteter Boden wird sorgsam gelüftet, ohne daß man umgraben muß. Schweren Boden aber sollte man wegen der Frostgare doch noch im Herbst grobschollig umgraben. Vertikutierer mit senkrechtstehenden oder kreisenden Messern ritzen den Rasen an der Oberfläche auf und versorgen die verfilzte feste Grasnarbe wieder mit Luft, Feuchtigkeit und Nährstoffen. Eine wichtige Arbeit für den Monat März ist übrigens dieses Belüften, damit der Rasen wieder atmen kann.

Ein Gerät schon fast für den Profi ist die **Fräse**, geeignet oder fast notwendig für sehr schwere Böden. Die Bodenfräse lockert, lüftet, krümelt und jätet selbst verfestigten, lehmigen Boden.

Dünger, Ernterückstände und Kompost können mit ihrer Hilfe gut und leicht eingearbeitet werden. Aber zu häufiges Fräsen schadet dem Boden, da der Humusabbau gefördert wird. Zudem besteht die Gefahr des Verschlämmens und der Vermehrung lästiger Wurzelunkräuter. **Rasenmäher** gibt es hand- oder motorgetrieben mit Netz- oder Batteriestrom. Wer nur den Rasen hinterm Reihenhaus oder in einem Innenhof zu mähen hat und ein bißchen Bewegung als Ausgleich für langes Sitzen im Büro oder Auto braucht, für den ist der Handrasenmäher mit Qualitätssiegel ideal. Ein Grasfangkorb erleichtert die Arbeit, aber ein Drahtbesen tut es auch. Übrigens, den Motormäher sollte man so nervenschonend für die Nachbarn und so energiesparend wie möglich benutzen. Eine leichte **Gartenkarre**, mit der man Kompost, Gras, Laub und Schnee von einem Gartenende zum anderen transportieren kann, erleichtert dem Hobbygärtner die Arbeit. Um dem Wildwuchs und dem ungezügelten Wachstum von Hecken, Sträuchern, Obstbäumen Einhalt zu gebieten, werden am besten **Gartenscheren** mit kunststoffbeschichteten Griffen verwendet.

Was man sonst noch braucht: Gießkanne, Eimer, Schlauch, Spritze, Rechen aus Holz und Eisen, Pflanzholz - all das bietet der Gartenfachhandel in einer geradezu unerschöpflichen Auswahl (siehe Seite 16/17). Wenig Platz braucht man für die Gerätschaften, wenn man sich Systemwerkzeuge kauft. Bei diesen kann ein Stiel mit vielen anderen Geräten kombiniert werden.

Vereinzeln der Sämlinge

Sämlinge, die im vergangenen Monat gesät und inzwischen im Kleingewächshaus, im Frühbeet oder auf der Fensterbank groß genug geworden sind, müssen vereinzelt werden, damit sie zu kräftigen Pflänzchen heranwachsen, die man dann getrost im Freiland den Unbilden der Frühlingswitterung aussetzen kann. Die Pflänzchen bekommen durch das Pikieren, wie es in der Fachsprache heißt, einen ordentlichen Wurzelballen. Vor dem Umsetzen soll die Erde mäßig feucht sein, damit man die Pflänzchen mit einem kleinen Ballen herausnehmen kann. Zu lange Wurzeln müssen vorsichtig zurückgeschnitten werden.

Mit Hilfe eines Pikierholzes werden die Sämlinge in die Pikierkiste gesetzt und leicht ange-

Das Pikieren der Jungpflanzen erfordert eine ruhige und vorsichtige Hand. Achten Sie dabei auf ausreichende Abstände.

drückt. Zum Schluß anfeuchten, am besten mit einer feinen Brause. Je kleiner die Pflänzchen pikiert werden, desto geringer ist die Wachstumsverzögerung.

Eine Hecke wird gepflanzt

Hecken werden im Garten als Umgrenzung und Sichtschutz, aber natürlich auch zum Schutz gegen den Wind, als Nist- und Brutstätte für Vögel und Igel und anderes Getier gebraucht. Vor dem Austrieb des Laubes, also im zeitigen Frühjahr, werden alle sommergrünen Laubgehölzhecken gepflanzt. Da ist es Ende März also bereits höchste Zeit, wenn man nicht bis zum Herbst mit der Pflanzung warten will.

Immergrüne Hecken mit Wurzelballen werden von Ende März bis Ende April oder dann erst wieder im September/Oktober gepflanzt. Je besser der Boden vorbereitet ist, in den die Hecke gepflanzt wird, desto üppiger gedeiht sie. Die Heckenrabatte muß tief gelockert und der Boden mit reichlich Kompost vermischt werden. Die Pflanzgrube muß groß genug sein, damit die Wurzeln ausreichend Platz haben. Wurzelunkräuter, wie Giersch und Quecke, sollten nicht vorhanden sein. Verletzte Wurzeln müssen abgeschnitten werden. Jede Pflanze nach dem Einsetzen der Sträucher fest antreten und gut wässern. Es ist günstig und sorgt für immer gleiche Bodenfeuchtigkeit, wenn man nach dem Pflanzen und Angießen reichlich Mulchmaterial um die Pflanzstellen deckt.

Jungpflanzen für eine Hecke brauchen nicht höher als ein Meter zu sein. Sie wachsen innerhalb weniger Jahre zu einer dichten undurchdringlichen Hecke zusammen, die Menschen und Pflanzen gleichermaßen Schutz bietet.

Welche Pflanzen sind nun für eine Hecke besonders günstig. Das hängt vom Standort, von der Funktion und natürlich auch vom Geschmack des Gartenbesitzers ab. Für hohe Hecken eignen sich Liguster (*Ligustrum vulgare*), Hainbuche (*Carpinus betulus*), Rotbuche (*Fagus sylvatica*) und Feldahorn (*Acer campestre*). Buchsbaum (*Buxus sempervirens*), eine sehr niedrige Hecke für Wegeinfassungen, bereichert optisch den Bauerngarten. Meist werden die Hecken einreihig gepflanzt. So sind sie leichter zu pflegen und zu schneiden. Der Pflanzenabstand je laufendem Meter ist von Größe und Art der jeweiligen Heckenpflanze abhängig. Immergrüne Hecken sind im allgemeinen wesentlich teurer. Einen wunderschönen Anblick bietet die Eibe (*Taxus baccata*), ein immergrünes Hecken-Nadelgehölz. Sie fühlt sich im Schatten genauso wohl wie in der Sonne. Schöne Hecken bilden auch die Felsenmispeln (*Cotoneaster*), Berberitzen, Mahonien (etwas frostempfindlich) und die Stechpalme (*Ilex*). Wildrosen-, Spiräen- und Fliederhecken sowie der immergrüne Feuerdorn, Deutzien und Weigelien, Japanische Quitten und Zierjohannisbeeren, Forsythien und Kornelkirschen können zu prachtvollen Hecken wachsen.

Heckenpflege

Laubgehölzhecken werden am besten zweimal im Jahr geschnitten, und zwar kurz vor dem Austrieb am Ende des Frühlings und dann noch einmal im Spätsommer oder Frühherbst.

Die richtig geschnittene Hecke soll, von der Seite, also im Querschnitt gesehen, nach oben zu schräg verlaufen. Sie wird so

Frühjahrs-Heckenschnitt.

besonders dicht. Ein solcher Schnitt ist nicht leicht zu bewerkstelligen, aber wenn man sich die Kanten durch Spannen von Drähten oder Schnüren begrenzt, tut man sich nach einiger Übung nicht mehr so schwer.

Die sehr wüchsige Ligusterhecke braucht dreimal im Jahr einen Schnitt. Koniferenhecken brauchen, wenn überhaupt, nur einmal im Jahr geschnitten zu wer-

Die dichte Ligusterhecke bietet Schutz vor Schmutz und Lärm.

den. Am besten im Juli, wenn der Jungtrieb der Bäume abgeschlossen ist. Sie eignen sich nicht für einen starken Rückschnitt. Um eine Fichtenhecke darf man keinen Holzzaun setzen, weil die Hecke sonst unten kahl wird.

Rasen im März

Auch im Intensivgarten hat ein Stück Rasen zum Spielen für Kinder und Erwachsene oder als Picknickplatz für die Familie seine Daseinsberechtigung. Es muß ja kein perfekter Teppich sein, aus dem jedes Gänseblümchen, jeder Löwenzahn verbannt sind. Natürlich braucht ein solcher Rasen seine Pflege, und die beginnt mit Walzen, Lüften und Düngen schon im frühesten Frühling. Sobald der Schnee geschmolzen und die Rasenfläche getrocknet ist, wird welkes Laub entfernt: mit einem Gummirechen oder dem Fächerbesen. Moos, das sich inzwischen angesiedelt hat, ist gleich mit herauszukratzen.
Schneeschimmel, eine Pilzerkrankung, die den Rasen im Winter unter einer allzu festen Schneedecke befallen hat, rückt man mit dem Drahtbesen zu Leibe. In hartnäckigen Fällen muß der Rasen entfernt und neu gesät werden.
Sobald der Schnee vom Rasen taut, achtet man darauf, wo das Schmelzwasser eventuell in größeren oder kleineren Pfützen stehenbleibt. Diese Stellen werden aufgefüllt, eingeebnet, später gewalzt und vertikutiert. Eine gute Durchlüftung des Rasens regt zum Wachstum an. Wer Wert auf einen grünen Rasenteppich legt, sollte 50 g/m^2 mineralischen Dünger streuen. Aber vielleicht ist die Blumenwiese eine Alternative zum gepflegten Rasen?

Rosen im März

Meist ist in der zweiten Märzhälfte die Witterung so, daß man ans Abhäufeln der Rosen denken kann. Die aufgehäufelte Erde wird, vermischt mit etwas Volldünger, um die Pflanze verteilt. Dann werden die schwachwüchsigen Teehybriden, Polyantha- und Floribundarosen auf 3–4 nach außen gerichtete Knospen (Austriebsaugen) zurückgeschnitten. 1 cm über dem Auge wird der Trieb schräg abgeschnitten. Das Ergebnis dieser Maßnahme: schöne große Blüten an langen Stielen. Bei Strauch- und Wildrosen braucht man nur dürres und schwaches Holz zu entfernen. Bei den Kletterrosen werden überalterte Triebe bis zur Basis

Erst nach drei oder vier Jahren werden bei Kletterrosen die ältesten und dicksten Ranken bis zur Basis herausgeschnitten.

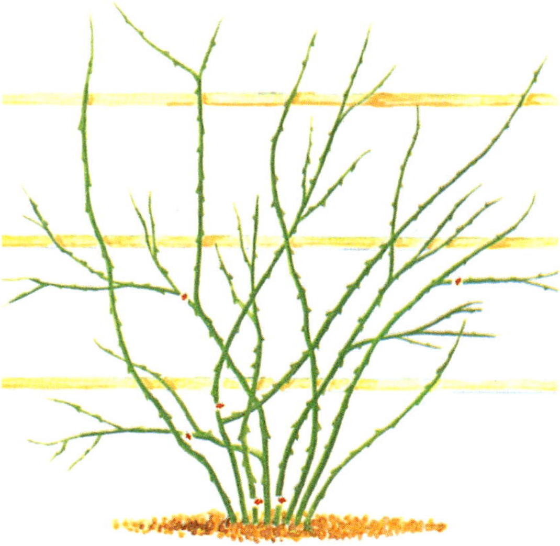

LINKS: Bei Teehybriden führt scharfer Rückschnitt zu größeren Blüten.

RECHTS: Altes Holz wird an der Basis ausgeschnitten und dann verbrannt.

herausgeschnitten. Seitentriebe zwei- und dreijähriger Triebe sind bis auf 2 Triebaugen einzukürzen. Die abgeschnittenen Stücke am besten verbrennen, weil vielfach Schädlinge in ihnen überwintert haben. Nach dem Austrieb wird dann gegen Mehltau (Zinnkrautbrühe) und gegen Blattläuse (Brennesseljauche) gespritzt. Eine Zwischenpflanzung mit Lavendel hilft, die Rosen vor Läusen zu schützen.

Neupflanzung von Rosen

Im März beginnt die Frühlingspflanzzeit für Rosen. Sie gedeihen am besten an freien, sonnigen Standorten und auf nahrhaftem, lockerem Boden. Können die Rosenstöcke nicht sofort gepflanzt werden, stellt man sie über Nacht in ein Wasserbad. Es handelt sich nämlich fast ausschließlich um Pflanzen, die im Kühlraum gelagert wurden. Kurz vor dem Pflanzen werden Triebe und Wurzeln eingekürzt. Nach dem Einpflanzen muß man den Boden gut wässern und die Pflanzscheibe mit einer Mulchschicht aus gut verrottetem Stallmist abdecken. Die Veredlungsstelle sollte zweifingerbreit unter der Erdoberfläche sein.

Einjährige Blumen

Für Blumen ist auch im kleinsten und intensivst bewirtschafteten Garten Platz; das gilt vor allem für die Einjährigen. Damit man den ganzen Sommer über und bis in den Spätherbst Farbe im Garten hat, geht man jetzt, im März, an die Vorkultur oder die Aussaat der einjährigen Blumen ins Freie. Es gibt mehr als vierzig Sommerblumenarten, die Samen mancher der schönsten Pflanzen sind kälteempfindlich. Sie brauchen eine warme Vorkultur und kommen erst nach den Eisheiligen ins Freiland. Dazu zählen Salvien, Studentenblumen, Sommerlevkojen, Nelken, Margeriten, Sommeraster, Löwenmaul, Kokardenblumen, Zinnien, Steinkraut, Leberbalsam, Fuchsschwanz, Hahnenkamm, Begonien, Männertreu, Petunien, Portulakröschen, Verbenen, einjähriger Phlox und Rudbeckia.

Für sie alle beginnt jetzt die Vorkultur, sie werden unter oder hinter Glas in Frühbeeten, Kleintreibhäusern oder auf der Fensterbank herangezogen. Zwischendurch vereinzelt man die heranwachsenden Pflanzen, bevor sie ihren endgültigen Platz im Garten bekommen.

Direkt ins Freie säen kann man, wenn's das Wetter erlaubt, schon ab Ende März oder im April: Tausendschön, Ringelblumen, Kornblumen, Goldlack, Schleifenblume, Mädchenaugen, Goldmohn, Sommerazaleen, Sonnenblumen,

Reseda, Sommermohn, Skabiosen, Kapuzinerkresse, Edelwikken, Adonisröschen und den einjährigen Rittersporn.
Einjährige brauchen guten, nahrhaften Boden in voller Sonnenlage und sollten regelmäßig gehackt und gegossen werden.

Säen und pflanzen im März

Bohnenkraut: Das einjährige Bohnenkraut sät man am besten Ende März oder Anfang April in Reihen von 20 cm Abstand.
Die jungen Pflänzchen, deren Spitzen schon 2 Wochen später zu sehen sind, müssen nach weiteren 2 Wochen vereinzelt, d. h. auf einen Abstand von 15 cm gebracht werden. Das Bohnenkraut kann man auch in einem Blumentopf oder Kasten aussäen.

Puffbohne oder dicke Bohne: Gut paßt das Bohnenkraut zu Puffbohnengerichten, die mancherorts als Delikatesse gerühmt werden. Schade, daß sie trotz hochwertigem Eiweiß so wenig kultiviert werden. Die Pflanzen vertragen viel Kälte und werden

Puffbohnen: Für eine frühe Ernte sollten Sie Aquadulce Claudia *wählen. Sie hat weiße Blüten und feine, lange Hülsen.*

daher im März 3–5 cm tief und mit einem Kornabstand von 10 cm gesät. Es empfiehlt sich, den Bestand unkrautfrei zu halten und die Pflanzen dabei zur besseren Standfestigkeit anzuhäufeln. Oft werden sie von der schwarzen Bohnenlaus stark befallen. Man erntet die milchreifen Samen 2- bis 3 mal.

Möhren: Frühe Sorten wie z. B. ›Nantaise‹, ›Marktgärtner‹, ›Tip Top‹ können schon ab Mitte März ausgesät werden. In einem Beet mit Mischkultur eignen sich Zwiebeln als unmittelbare Nachbarn der Möhren. Der Befall mit Möhrenfliegen soll dadurch vermindert werden. Der Platzbedarf der Zwiebeln ist relativ gering, zudem sind sie zunächst einmal steil nach oben orientiert. Die tiefwurzelnden Möhren haben daneben also genügend Platz. Man sät dünn in flachgezogene Rillen mit 25 cm Abstand.

Die Samenkörner sollen höchstens 2–3 cm mit feinkrümeliger Erde bedeckt sein. Bevor die Rillen geschlossen werden, kann man hin und wieder ein Korn Radieschensamen einstreuen.

Ehe der Möhrensamen, der je nach Bodentemperatur 14–24 Tage zum Keimen braucht, aufgeht, sind so die Reihen markiert, die nun leichter gehackt und von Unkraut freigehalten werden können. Schneller keimen die Samen, wenn das Beet mit Flachfolie abgedeckt wird. Sobald die Pflänzchen 3 cm hoch sind, müssen sie sofort auf 2–3 cm Abstand in der Reihe vereinzelt werden, damit jede Wurzel genügend Platz hat.

Auf diese Weise erhält man schöne große Möhren.

Der Intensivgärtner, dem es auf eine reichliche Möhrenernte ankommt, muß ein paar wichtige Ratschläge beachten: Möhren gedeihen am besten in lockeren, tiefgründigen Böden, die durchlässig und nährstoffreich sein sollen. Wo leichter Boden mit hohem Humusgehalt vorherrscht, finden sie besonders günstige Bedingungen. Steine im Boden oder Bodenverdichtungen können Krümmungen der Wurzeln bewirken. Saure Böden sind für Möhren wenig geeignet. Das gleiche gilt für Gartenböden mit stauender Nässe. Hier färben sich Rüben schlecht aus und sind für Pilzkrankheiten anfällig. Frischer Mist bewirkt eine fahle statt der kräftig roten Farbe. Kompost muß für Möhren gut verrottet sein.

Erbsen: Im März können bereits die frostverträglicheren Pal- oder Schalerbsen gesät werden. Die

Säen im März.

Abwehr von gefräßigen Vögeln.

Praktisches Saatband.

Tütchen in den Boden stecken.

Radieschen öfter einsäen.

Anbau im Frühbeet.

Gut gewachsene Erbsen kann man mindestens dreimal pflücken.

kälteempfindlicheren und geschmacklich besseren Mark- und Zuckererbsen keimen erst bei höheren Bodentemperaturen und werden von April bis Ende Mai gesät, manchmal auch bis Mitte Juni.

Von der Aussaat bis zur Ernte vergehen bei den frühen Erbsensorten etwa 55 Tage. Spätere Sorten brauchen ungefähr vier Wochen länger, bis sie geerntet werden können.

In einem Beet mit Mischkultur sollten die in Doppelreihen angebauten Erbsen die mittleren Reihen besetzen. Davor und dahinter paßt jeweils eine Reihe Radieschen, die sich im Schutz der Erbsen gut entwickeln können. Außen auf dem Beet könnte Pflücksalat Platz finden. Grundsätzlich gilt, man soll Erbsen nur auf ein Beet pflanzen, auf dem in den letzten beiden Jahren keine Erbsen angebaut worden sind.

Das Saatgut muß etwa 5 cm tief gelegt werden, andernfalls fallen die Vögel mit Begeisterung darüber her. Innerhalb einer Saatrille sollte der Abstand der gesäten Erbsen etwa 3 cm betragen, bei den hohen Sorten mehr. Nach der Saat wird das Beet mit Folie oder Vlies gut abgedeckt, damit die Erbsen rasch keimen und die Vögel die ersten Triebe nicht abpicken.

Sind die Pflanzen 15 cm groß, häufelt man die Reihen leicht an und stellt Reisig oder Drahtgestelle auf, an denen die Erbsen hochklettern können. Keine Stützen brauchen die Sorten ›Ondra‹ und ›Markana‹.

Zwiebeln: Zwiebelsamen können bereits im März, ca. 2–3 cm tief, direkt ausgesät werden, wenn man nicht vorgezogen hat, sie schon einen Monat früher in einer Schale am Fensterbrett oder im Frühbeet vorzuziehen. Die jungen Pflänzchen kommen dann Anfang April auf im Herbst vorbereitete Beete, die im Frühjahr

nochmals flach gelockert werden. Nach dem Auflaufen auf etwa 6 cm verziehen.
Steckzwiebeln kann man Ende März mit 10 cm Abstand in mindestens 2 cm tiefe Saatrillen legen. Nur kleine Steckzwiebeln verwenden, da zu große gerne schossen. Sie sind früher erntereif als Säzwiebeln. Sie vertragen sich in Mischkultur sehr gut mit Möhren, denen sie weder unter- noch oberirdisch im Weg sind.
Zwiebeln brauchen im Sommer ausreichend Niederschläge; in Trockenzeiten unbedingt gießen! Sonnige Tage im Herbst fördern das Abreifen.

Kopfsalat: Kopfsalat soll im Intensivgarten möglichst während der ganzen Vegetationsperiode zur Verfügung stehen, und zwar in eben der Menge, die den voraussichtlichen Bedarf deckt. Deshalb beginnt die Aussaat von Salat ins Frühbeet im März. Frühsorten sind ›Viktoria‹, ›Reskia‹, ›Mayking‹ u. a. Im September werden dann die Wintersorten gesät, die in wärmeren Gebieten mit leichtem Winterschutz aus Reisig oder im Frühbeetkasten die kalte Jahreszeit überstehen und im Frühjahr geerntet werden können. Vier Wochen nach der Aussaat der Samen, die schon nach 7–8 Tagen zu keimen beginnen, werden die Jungpflanzen ausgepflanzt. Pflänzchen, die man im Garten nicht braucht, kommen sofort in die Salatschüssel für einen köstlich zarten und frischen Frühlingssalat.
Salatpflänzchen werden im Abstand von 25 cm nicht zu tief in den Boden gesetzt. Salat nie an heißen Tagen, sondern am besten bei trübem Wetter in den Morgenstunden pflanzen.
Kopfsalat braucht einen gut besonnten luftigen Platz, andernfalls bildet er keine schönen festen Köpfe aus. Um ständig frischen Kopfsalat auf dem Tisch zu haben, sollte man Folgesaaten im Abstand von 2–3 Wochen vorsehen.

Radieschen: Ins Frühbeet werden Radieschen schon ab Februar, ins Freiland bereits ab März gesät. Die aufgehende Saat muß man, wenn sie zu dicht ist, ausdünnen, damit jede Pflanze genügend Platz hat. Sonst kommt es zur Sproßverlängerung und nicht zur Knollenbildung. Die Folgeaussaat ist bis Anfang September möglich, so daß man den ganzen Sommer und Herbst ständig mit Radieschen versorgt ist. Radieschen, die guten feuchten Boden verlangen, kann man gut zusammen mit Buschbohnen, Erbsen und Möhren säen.

Sommer-Rettich: Spezielle Rettichsorten eignen sich ab März zur Aussaat ins gedüngte Freiland. Im jeweiligen Abstand von 2 Wochen kann man Folgesaaten vorsehen. Reihenabstand: 20 bis 25 cm; auf 8 cm vereinzeln. Den Sommer-Rettich ernten, bevor die Wurzeln holzig werden.

Tomaten: Wer seine Topfpflanzen selbst anziehen möchte, der kann Anfang März in flache Schalen aussäen. Bis zur Keimung plaziert man die Schale am besten auf dem Fensterbrett, wo auf gleichbleibende Feuchtigkeit und Temperaturen um +20° C zu achten ist. Tomatenpflänzchen müssen zweimal umgepflanzt werden, damit man kräftige Jungpflanzen bekommt. Bereits 10 Tage nach der Aussaat wird pikiert. Später werden die Pflanzen getopft und nach Mitte Mai ins Freiland gesetzt. Vorher grubbert man gut verrotteten Kompost und Torfmull in die Beete.

Tomaten brauchen einen warmen, sonnigen, gut geschützten Platz, z. B. vor einer Mauer.

Rhabarber: Die Vermehrung von Rhabarber kann auch im Frühjahr geschehen durch vorsichtige Teilung der Rhizome. An jedem Pflanzstück müssen einige Wurzeln und mindestens 2 Triebknospen vorhanden sein.

Meerrettich: Frischer Meerrettich aus dem eigenen Garten ist eine unvergleichlich schmackhafte und dazu gesunde Zutat zu Soßen, Salaten, selbst eingestampftem Sauerkraut und natürlich frisch gerieben zu Würstchen jeder Art. Man verwendet etwa 20 cm lange Stücke von den seitlichen Wurzeln, die sehr sorgfältig abgewischt werden müssen, damit eine einzige kräftige Wurzel daraus wird. Nun schichtet man kleine Dämme in einem Beet auf und bohrt mit dem Pflanzstock schräge Löcher hinein. Der Pflanzabstand sollte etwa 40 cm betragen.

Gepflanzt wird Ende März. Die Dämme unbedingt unkrautfrei halten! Die Pflanzen wachsen schräg nach oben. Meerrettich braucht tiefgründigen, feuchten, aber auch sandhaltigen Boden, der im Herbst des Vorjahres tief umgegraben und mit reichlich verrottetem Stallmist versetzt wurde.

Schwarzwurzeln: Bei Schwarzwurzelsamen sollte man eine Keimprobe machen, denn der Samen verliert seine Keimfähigkeit meist nach einem Jahr. Auf der für Schwarzwurzeln vorgesehenen Anbaufläche, die schon ein Jahr zuvor zwei Spatenstich tief umgegraben werden soll, baut

man im Jahr zuvor am besten Hackfrüchte an, die organisch gedüngt wurden.
Normalerweise wird im März, spätestens im April ausgesät. Die Beete müssen bis zum Keimen der Saat gleichmäßig feucht gehalten werden. In 3 cm tiefe Rillen werden alle 3–4 cm 1–2 Saatkörner gelegt. Die Saatreihen werden zugezogen, angedrückt und vorsichtig angegossen. Die Keimzeit beträgt knapp 3 Wochen. Die Keimlinge bei zu engem Stand auf ca. 5–7 cm vereinzeln. Bei Trockenheit gießen. Blütenstengel, die sich manchmal nach kaltem Frühjahr bilden, müssen abgeknipst werden. Schwarzwurzeln brauchen im Juli relativ viele Nährstoffe, deshalb eventuell düngen.
Die Beete unbedingt unkrautfrei halten. Bis zur Ernte im Oktober dauert es nun ungefähr ein halbes Jahr. Standardsorte ist ›Hoffmanns Schwarze Pfahl‹.
Petersilie: Die würzige Petersilie darf in keinem Intensivgarten fehlen. Auf tiefgründigen, humösen Böden wächst sie am besten, sollte aber erst nach einer Anbauphase von 3–4 Jahren an dieser Stelle wieder folgen. Gesät wird je nach Witterung ab Ende März mit einem Reihenabstand von 15–20 cm. Petersilie keimt langsam, daher muß man für gute Keimbedingungen sorgen und bei Trockenheit unbedingt gießen. Gepflückt werden immer die äußeren, größeren Blätter. Um ständig Petersilie zum Würzen zur Hand zu haben, sollte das Kraut für den Wintervorrat tiefgefroren werden. Es gibt kraus- (›Mooskrause‹, ›Grüne Perle‹) und glattblättrige (›Hamburger Schnitt‹) Sorten.

Ernteverfrühung durch Folie und Vlies

Meist ist das Frühjahr nicht so schön und warm, wie es sich der Intensivgärtner wünscht. Wer sich aber trotz Kälte und Schnee nicht vom Arbeiten im Gemüsegarten abhalten lassen will, sollte den Vorteil von Folien- oder Vliesabdeckung nutzen. Nicht nur im Folientunnel, sondern auch durch Flachabdeckung mit Folie oder Vlies kann manche Kultur fast drei Wochen früher geerntet werden. Bewährt haben sich zur Ernteverfrühung die gelochten, transparenten PE-Folien, die Schlitzfolie, auch wachsende Folie genannt, und das Kunststoff-Faservlies. Bei Trockenheit muß gegossen werden. Bei hohen Temperaturen das Lüften der Folientunnel nicht vergessen.

Was blüht im März?

Leberblümchen: Als prachtvoller blauer Teppich verschönern Leberblümchen den Frühling. Die blauen bis violetten Blüten mit 6 Kelchblättern öffnen sich nur bei Sonne. Beliebtheit und Bekanntheit dieses Blümchens äußern sich darin, daß es vom Volksmund zahlreiche besonders liebevolle Namen trägt, wie Güldenleberkraut, blaues Herzblumenkraut, Vorwitzchen, Fastenblume.

Leberblümchen brauchen Schatten und gedeihen gut unter Bäumen und Sträuchern. Der Boden soll kalkhaltig, humos und locker sein. Das Leberblümchen gilt seit altersher als heilkräftig bei Galle- und Leberleiden, aber auch bei Lungenerkrankungen.

Krokus: Wenn die ersten Krokusse ihre farbigen Blüten aus dem noch winterlichen Boden oder aus dürrem Laub strecken, weiß man, daß der Winter nun aller Wahrscheinlichkeit nach vorbei ist. Einige Arten blühen allerdings sogar schon im Februar. Die Hauptblütezeit aber, in der die weißen, gelben und violetten Blüten sich öffnen, ist der März.

Die Frühjahrsblüher brauchen einen möglichst sonnigen oder

Ein blühendes Meer von farbigen Krokussen.

Das Transsylvanische Leberblümchen mit seinen hübschen Blüten.

halbschattigen Platz in humosem Boden. Man setzt die Knollen im Herbst je nach Größe und Bodenverhältnissen etwa 6–10 cm tief in die Erde und deckt eine Schicht Komposterde darüber.

Die Vermehrung erfolgt durch Brutknollen, die man etwa 3–4 Jahre nach der ersten Pflanzung abnehmen kann, wenn man an einem anderen Platz im Garten einen freundlichen Farbklecks braucht.

Ferner blühen im März: Adonisröschen, Hungerblümchen, Lungenkraut, Schneestolz, Traubenhyazinthen, Kaukasusvergißmeinnicht u. a.

April

So sprichwörtlich wetterwendisch sich der April auch gewöhnlich zeigt, in diesem Monat sind wir doch schon mitten drin in der Bestellung unseres Intensivgartens, denn von jetzt an sollen alle Beete ständig besetzt sein, soll es ein dauerndes Säen, Pflanzen, Reifen und Ernten geben. Mit prachtvollen Farben präsentiert sich dieser Frühlingsmonat. Die Apfelbäume stehen in voller Blüte und lassen auf reichliche Ernte hoffen. Zwar sind die letzten Fröste des vergangenen Winters noch nicht ausgestanden, stehen vielmehr die Eisheiligen noch vor der Tür, aber der vorsorgliche Winterschutz für viele Pflanzen wird nun doch allmählich überflüssig. Der Rasen braucht in diesem Monat eine gründliche Frühjahrskur, denn er ist von Schnee und Eis ziemlich mitgenommen. Die einjährigen Blumen, die uns den ganzen Sommer und Herbst mit ihren Farben, Formen und ihrem Duft erfreuen sollen, müssen jetzt ins Frühbeet oder in eine Schale ausgesät werden und aufs Fensterbrett.

Die meiste Arbeit aber steht im Gemüsegarten an. Viele Gemüsesorten, die eine frühe Ernte im Mai/Juni erbringen, müssen jetzt ausgesät werden. Und schließlich kann man im April auch noch Obstbäume und Beerensträucher pflanzen. Hier sollte man allerdings darauf achten, daß der Blattaustrieb noch nicht begonnen hat.

Was gibt's im April zu tun?

Mit Schädlingen fertig werden

Mit der ersten Blütenpracht des Jahres und dem Heranwachsen der Gemüsepflanzen sind auch die ersten Schädlinge zur Stelle. Lange Zeit galt es als probates Allheilmittel, dann die Spritze zur Hand zu nehmen und lästiges Ungeziefer und Pilze durch hochgiftige chemische Mittel zu vernichten. Doch inzwischen weiß man, daß die Schädlinge diesen Maßnahmen viel besser standgehalten haben als so vieles nützliche und wichtige Kleingetier im Garten. Die notwendige Dosis mußte also ständig verstärkt werden. Sinnvoller ist es, gute Wachstumsbedingungen für die Pflanzen zu schaffen, so daß diese kräftig und widerstandsfähig werden. Das bedeutet zu allererst richtige Standortwahl, Bodenpflege und die Auswahl der richtigen Sorten. Wenn man darüber hinaus für die natürlichen Feinde der Schädlinge, wie Igel, Spitzmaus, Vögel und nützliche Insekten etwas tut, braucht man kaum noch Schädlingsbekämpfung betreiben. Dann ist es mit den heute überall angebotenen Bio-Spritzmitteln oder selbsthergestellten Brühen aus Brennessel, Schachtelhalm und anderen Pflanzen auch getan.

Pflanzen von Bäumen und Sträuchern

Im April können noch Gehölze jeder Art neu gepflanzt werden. Das gilt für Obstbäume und Beerensträucher, aber auch für Hecken, Rosen und Stauden. Um diese Zeit kann man diese auch ohne Wurzelballen setzen; allerdings muß das bei laubabwerfenden Pflanzen passieren, bevor die ersten Blätter austreiben. Andernfalls verwelken die jungen Blätter, und das Gehölz geht ein, weil ihm das Blattwerk fehlt.

Bei Pflanzen, die einen Wurzelballen haben oder im Topf oder Container gut verwurzelt sind, braucht man sich nicht so strikt an die Pflanzzeit im April zu halten; Immergrüne oder Stauden in Töpfen wachsen auch bei späterer Pflanzung noch gut an. Solche Pflanzen muß man vor dem Pflanzen wässern. Man stellt sie mit dem fest verschnürten Wurzelballen in ein Gefäß mit kaltem Wasser, bis keine Luftblasen mehr zu sehen sind. Dann hat sich der Erdballen mit Wasser vollgesogen. Die tief gelockerte Pflanzstelle, die inzwischen vorbereitet und mit nassem Torf ausgekleidet ist, nimmt den wasserschweren Wurzelballen auf. Das Anwachsen und Akklimatisieren des Baums oder Strauchs erfolgt dann relativ schnell.

Rosenpflege

Rosen haben einen beträchtlichen Nährstoffbedarf. Damit sie im Frühsommer fleißig blühen, sollten sie jetzt im April, wenn nicht schon im März geschehen, eine Volldüngung bekommen.

Die Reserven vom vergangenen Jahr sind nämlich inzwischen verbraucht.

Deshalb sollte man jetzt etwa 50 g eines handelsüblichen, chlorfreien Volldüngers je Quadratmeter ausstreuen und zur Zeit der ersten Blüte im Juni nochmals mit etwa 35 g nachdüngen. Auch muß der Boden genügend Feuchtigkeit haben.

Pflanze mit Wurzelballen; unten: Boden um die Pflanze andrücken; rechts: Jungpflanzen setzen.

Wicken säen

Wicken brauchen lockeren Boden und haben einen relativ hohen Nährstoffbedarf. Ab Anfang April kann man Wicken an einem geschützten Platz aussäen. Jedes Korn wird 4–5 cm tief in den Boden gelegt. Auf einen Abstand von 10–15 cm ist zu achten. Die Saat keimt nach 2 Wochen. Später brauchen sie eine Rankhilfe aus Maschendraht oder Schnüren. Um kräftige Pflanzen, die reich blühen, zu erzielen, schneidet man die Triebspitze nach dem dritten Blattpaar ab.

Pflanzen und Ernten im April

Spinat: Im April kann die Ernte des im Herbst ausgesäten Spinats beginnen. Und damit man auch im Frühsommer schon wieder mit frischem Spinat versorgt ist, erfolgt jetzt die erste Aussaat für eine Ernte im Mai/Juni, wenn das Wetter im März das Aussäen nicht erlaubt hat. Der Boden darf nicht zu leicht, soll aber doch locker sein. Bewährte Sorten sind ›Monnopa‹, ›Vital‹, ›Montaku‹.

Schnittlauch: Schnittlauchsamen braucht 14–20 Tage zum Keimen. Ausgesät wird ab April. Die jungen Sämlinge büschelweise im Abstand von 20 × 20 cm auspflanzen. An Pflegemaßnahmen ist, wenn der Schnittlauch auf gut vorbereiteten und gedüngten Boden kommt, nicht mehr nötig als gelegentliches Hacken. Die Röhrchen werden mehrmals im Jahr abgeschnitten, und zwar nicht zu tief; die Stöcke können nämlich durch zu tief angesetzten Schnitt geschwächt werden. Im Herbst oder Frühjahr kann der Schnittlauch dann geteilt werden. Die besten Wachstumsbedingungen findet die beliebte Würzpflanze in kalkreichem, humosem Lehmboden.

Gewürzkräuter: Ohne Bedenken können jetzt Dill, Borretsch und Kerbel gesät werden. Auch Estragon kann man im Frühjahr säen, und zwar den russischen Estragon, der weniger aromatisch, aber anspruchsloser ist als der würzige deutsche Estragon. Dieser ist nur vegetativ vermehrbar.

Rosenkohl: Die Saatzeit für Rosenkohl ist ab Mitte April bis etwa Anfang Mai ins Freiland. Man sät entweder breitwürfig in ein Anzuchtbeet oder in Saatreihen mindestens 2–3 cm tief. Sobald die ersten Pflänzchen kräftig genug sind, verpflanzt man die größten davon ins Kräuterbeet oder an den Rand einer Mischkultur in nahrhafte Erde. Der Platzbedarf ist groß.

Zum Versetzen sucht man am

Saatzeit für Rosenkohl ist Mitte April bis Anfang Mai. Relativ frostharte Sorten wachsen langsamer als andere.

besten einen bewölkten Tag aus, damit die Pflänzchen nicht welken. Für eine Nachkultur auf abgeerntete Beete ist Mitte Juni der letzte Termin. Sorten mit langer Kulturzeit, z. B. ›Abunda‹, müssen bis Ende Mai gepflanzt sein. Nach dem Pflanzen drückt man die Erde rund um die Jungpflanze an. Zum guten Anwachsen ist auch das vorsichtige Wässern notwendig.

Blumenkohl: Damit im Sommer reichlich Blumenkohl zur Verfügung steht, werden jetzt im April die vorgezogenen Pflänzchen im Abstand von 50 × 40 cm ins Freiland gesetzt. Wenn das Wetter mitspielt und die Pflänzchen gelegentlich gehackt werden, kann Ende Juni die Ernte beginnen. Frühe Sorten: ›Malinus‹, ›Opaal‹, ›Celesta‹.

Brokkoli: Frühestens Ende April ist Saatzeit für Brokkoli im Freiland. Bei Spätfrösten sollte das Beet allerdings leicht abgedeckt werden. Brokkoli wächst auf nahrhaftem, mit Kompost oder Stallmist gedüngtem Lehmboden bei reichlicher Bewässerung besonders gut. Die Pflanzen sollten 50 cm voneinander stehen. 4–5 Wochen nach dem Saattermin werden die Pflänzchen pikiert. Dann können ab August die noch nicht geöffneten Blütenstände geerntet werden. Die Pflanze bildet nach dem Schnitt des Haupttriebes Seitensprosse mit kleinen Köpfen aus, so daß mehrere Ernten von dem köstlichen Gemüse zur Verfügung stehen. Empfehlenswerte Sorten sind ›Sparko‹, ›Corvet‹, ›Cape Queen‹. Brokkoli kann man wie Blumenkohl zubereiten, besonders gut schmeckt er mit Käse überbacken oder ganz einfach in Butter und etwas ausgepreßtem Knoblauch geschwenkt.

Außerdem kann man im April Sommer-Rettich, Wintermöhren und Eissalat direkt ins Freiland aussäen.

Kohlrabi: Ein typisches Frühjahrsgemüse sind die zarten Kohlrabiknollen. Frühen Kohlrabi pflanzt man im Abstand von 25 × 25 cm Ende April unter Folie aus. Gleichmäßiges Gießen verhindert das Platzen der Knollen, die dann auch nicht holzig werden.

Bereits im Juni sind die Knollen groß genug zum Ernten. Ein weißer Riesenkohlrabi ist die Sorte ›Superschmelz‹, die auch bei einem Gewicht von 6–7 kg noch zart ist (Planzabstand 65 × 65 cm).

Wirsing: Anfang bis Mitte April kann man den frühen Wirsing pflanzen. Pro Pflanze ist ein Abstand von etwa 40 cm am günstigsten. Die jungen Pflänzchen, für die man auf den Beeten keinen Platz mehr hat, schmecken besonders jung und zart, wenn man die Blättchen schonend gart. Die verbleibenden Pflanzen bilden Köpfe und werden ab Juni verwendet.

Weißkohl: Frühweißkohlpflanzen kann man im April aussetzen und mit etwa 40 cm Abstand pflanzen. Herbstsorten sät man ab Mitte April in Frühbeetkästen oder aufs Anzuchtbeet ins Freiland. Im Mai sind dann die jungen Pflänzchen mit 50 cm Abstand zu versetzen. September bis Oktober ist Erntezeit. Damit man auch im Winter lange mit dem gesunden und wohlschmeckenden Gemüse aus dem eigenen Garten versorgt ist, werden Spätsorten Ende April ausgesät und im Juni versetzt. Sie sind im November erntereif, werden mit dem Strunk herausgezogen und in Kisten mit Sand eingeschlagen, wenn man es nicht vorzieht, sich ein Fäßchen Sauerkraut in den Keller zu stellen.

Kohlbeete regelmäßig wässern. Kohl läßt sich gut in Mischkultur mit Salaten, Kohlrabi und Tomaten anbauen; vor allem die Tomatenpflanzen, aber auch Sellerie halten den Kohlweißling von den Weißkohlpflanzen ab.

Rotkohl: Rotkohl ist im Garten ein recht anspruchsvolles Gemüse, deshalb müssen die frühen Sorten auf gut bearbeitete und gedüngte Beete gebracht werden. Während der Wachstumszeit sollte man gelegentlich düngen. Abstände von 40–50 cm sollten eingehalten werden, damit die Kohlköpfe groß genug werden können. Rotkohl bringt die besten Ergebnisse auf mittelschwerem Boden mit ausreichendem Wasserangebot. Gefürchtet ist im Kohlanbau die Kohlhernie, eine Pilzerkrankung, die nur durch weitgestellte Fruchtfolge bekämpft werden kann.

Rote Bete: Die sehr gesunde rote Rübe oder rote Bete gedeiht auf allen Böden. Man sät Mitte April an Ort und Stelle in Reihen dünn aus. Nach einigen Wochen müssen die Pflänzchen in gehörigem Abstand vereinzelt werden. Wünscht man größere Rüben, wird auf mindestens 8–10 cm verzogen. Bei sorgfältigem Handhaben können diese Pflänzchen wieder in die Erde gesetzt werden. Man kann bis Anfang Juli immer wieder Folgesaaten machen. Späte Sorten für den Wintervorrat läßt man so lange wie möglich auf den Beeten, muß aber die Ernte vor dem ersten Frost abgeschlossen haben. Es gibt runde und walzenförmige Sorten.

Mangold: Er stammt aus der gleichen Familie wie die rote Rübe und der Spinat. Ins Freiland wird Stiel- und Schnittmangold von April bis Juli gesät. Von Juni an kann bei früher Saat laufend geerntet werden. Zu große Blätter schmecken häufig bitter. Er ist winterhart und kann auch noch im 2. Jahr bis zur Blüte für leckere Gerichte verwendet werden.

Porree: Der vorkultivierte Sommerporree kann im April ins Freiland gepflanzt werden. Warme Jungpflanzenanzucht mindert das Schoßrisiko. Spätere Anzuchten mit Pflanzung bis Ende Juni oder Direktsaaten ab März bzw. April ins Freiland sorgen für die Lauchernte vom Herbst bis zum Frühjahr. Die Saattiefe beträgt 2 cm, wohingegen die Pflänzchen 10 cm tief gesetzt werden. In der Reihe ist ein Pflanzenabstand von 10–12 cm einzuhalten. Gesäte Kulturen werden später vereinzelt. Der Reihenabstand soll 25 cm betragen. Porree wünscht sich gut gedüngten und gelockerten Boden, doch darf die organische Düngung nicht frisch eingearbeitet sein. Das Beet sollte also im Vorjahr

Mit der Rhabarberernte kann man schon im Frühjahr beginnen.

mit Stallmist versorgt worden sein. Porree bildet eine gute Gemeinschaft mit Möhren. Beide Pflanzen halten sich gegenseitig von Schädlingen frei.

Wenn man die Pflanzen während der Wachstumsphase anhäufelt, bekommt man bei der Ernte lange weiße Stangen. Porreebeete sollte man im nächsten Jahr mit anderen Pflanzen besetzen. Fruchtwechsel beugt spezifischen Porreekrankheiten vor.

Rhabarber: Wer Rhabarber in seinem Garten hat, der kann die ersten eßbaren Stiele ab April ernten. Sie werden nicht geschnitten, sondern behutsam herausgedreht. Die im Mai erscheinenden Blütentriebe sollte man ausbrechen. Rhabarber braucht tiefgründigen Boden und einen Platz im Halbschatten oder in der Sonne. Er muß oft gegossen werden, ohne daß der Boden um die Pflanze allzu durchtränkt wird. Im ersten Jahr nach der Pflanzung darf noch nicht geerntet werden. Neupflanzungen sind im Frühjahr oder Herbst möglich.

Was blüht im April?

Tulpen: Tulpen sind im Frühlingsgarten wirklich unverzichtbar. In unzähligen Farben und Formen werden sie heute angeboten. Man stellt sich am besten schon im Herbst ein buntes Sortiment zusammen, das dem Frühlingsgarten zu besonderer Blütenpracht verhilft.

Tulpen sind Liliengewächse. Man schätzt sie wegen ihrer guten Wuchseigenschaften, ihrer Regenfestigkeit und der unermüdlichen Blüte, die manchmal 4 Wochen oder länger anhält.

Wie alle Blumenzwiebeln, brauchen auch die der Tulpe Boden ohne Staunässe. Die Erde soll durchlässig und sandig sein.

Nach der Blüte schneidet man verwelkte Blütenköpfe ab, damit die Zwiebel nicht durch Samenbildung geschwächt wird. Das Blattwerk aber muß dabei stehen bleiben, bis es gelb und trocken ist. Dann haben die Zwiebeln eingezogen. Sie haben sich mit Nahrung aus den Blättern versorgt und sind fürs nächste Jahr kräftig genug. Tulpen brauchen reichliche Düngergaben, damit die Zwiebeln in der Lage sind, im folgenden Jahr erneut große Blüten auszubilden. Ein Volldünger kann vor und nach der Blüte, also im März/April, gegeben werden. Tulpenzwiebeln kann man jahrelang am gleichen Platz lassen, es sei denn, die Wühlmäuse holen sie sich als Leckerbissen. Erst wenn sie in der Blüte nachlassen, muß man sie ausgraben und die Brutzwiebeln abtrennen; aber erst, wenn das Laub vergilbt ist. So lassen sich durch Brutzwiebeln die alten Zwiebeln ersetzen, nur ist die Blütenfarbe eine andere.

Müssen Blumenzwiebeln ihren Platz im Sommer räumen, gräbt man sie mit dem Laub nach der Blüte aus und läßt sie an einem trockenen, luftigen Platz in mit Erde gefüllten Kisten einziehen. Erst wenn das Laub gänzlich vertrocknet ist, wird es abgeschnitten.

Primeln: Primeln werden schon vom Spätwinter an in vielen Farben in Töpfchen angeboten. Aber ebenso hübsch sind die Frühlingsblüher im Garten. Die Blätter der Primeln bilden bodenständige Rosetten, die Blüten haben unterschiedliche Formen und Farben. Bei uns ist die Kissenprimel die beliebteste. Kissenpri-

Tulpen gibt es in allen nur denkbaren Variationen, die sich in Farben, Formen und Wuchshöhen unterscheiden.

Primeln bringen fröhliche Farben in den Frühlingsgarten.

meln werden etwa 10 cm hoch und blühen besonders üppig und reich im März und April. Sie bevorzugen Halbschatten, sind aber sonst sehr anspruchslos. Die Gartenaurikeln brauchen ebenfalls einen halbschattigen Platz und viel Feuchtigkeit. In trockenen Sommern muß man reichlich gießen. Alle zwei Jahr kann man sie vier- bis fünffach teilen. Die Doldenprimeln sind anspruchslos und haben einen Blütenschaft mit vielblumigen Dolden.

Die Kugelprimeln bevorzugen einen halbschattigen Platz auf nicht zu fettem Boden.

Die Etagenprimeln sind hochwachsende Arten. Sie brauchen feuchten, lehmig-humosen Boden. Die Mehlprimeln sind wegen der mehlartig bezogenen Blätter zu ihrem Namen gekommen. Sie bevorzugen halbschattige Standorte und feuchten Boden.

Glockenprimeln sind besonders widerstandsfähig, wenn der Standort feucht ist. Sie sind beliebt wegen ihrer späten Blüte (Juni–August). Fliederprimeln sind besonders hübsche Topfpflanzen für den Winter. Sie sollten aber nur in kühlen und hellen Zimmern stehen, sonst verblassen die Farben und die Blätter vergilben.

Für den Primelliebhaber gibt es viel mehr an Arten und Formen.

Magnolien: Die Magnolie mit ihren prachtvollen Blüten bringt einen Hauch von der südlichen Schönheit in unsere Gärten. Die meisten Arten der Magnolie sind sommergrün und haben große

Magnolien kommen aus Ostasien und Nordamerika. Alle frühblühenden Arten brauchen einen Schutz vor Spätfrösten und Wind. Magnolien lieben sauren, humusreichen Boden.

Blüten, die sich weit öffnen. Manche Arten strömen einen starken Duft aus. Die Frucht erscheint in Form eines Zapfens.

Die Tulpenmagnolie wird bis 6 m hoch. Da sie sehr viel Platz braucht und stark in die Breite wächst, ist sie für kleine Intensivgärten nicht geeignet.

Die Sternmagnolie ist ein dicht verzweigter Strauch, der ab März/April voller Blüten ist. Die Blüten sind weiß, schalenförmig und duften.

Magnolien brauchen nicht zu schweren, sauren Boden und einen Platz, der windgeschützt, aber zugleich sonnig ist. Später Frost kann ihnen gefährlich werden. Wenn sie zuviel Kalk im Boden vorfinden, werden die Blätter gelb. Junge Magnolien brauchen in den ersten Jahren Winterschutz.

Man kann Magnolien durch Samen oder Stecklinge vom vorjährigen Holz vermehren. Das ist aber sehr aufwendig. Am besten kauft man sich ein Exemplar einer nicht zu groß werdenden Art.

Iris: Iris stellt keine großen Ansprüche an den Boden und paßt sehr schön zu Narzissen und Tulpen. Es gibt zwei große Irisgruppen: Rhizomiris und Zwiebeliris. Die Arten mit Rhizomen blühen später und sind winterhärter als die Zwiebeliris. Die Zwiebeliris blühen schon ab März, wie z. B. *Iris reticulata,* mit ihren wunderschönen dunkelblauen Blüten. Während die Blütezeit der rhizombildenden Arten erst ab April beginnt.

Bei der rhizombildenden Iris sind die Standortansprüche sehr unterschiedlich. So gedeiht die deutsche Schwertlilie (*Iris germanica*) am besten auf mageren und trokkenen Plätzen. Hingegen bevorzugt die blaue Wiesenschwertlilie leicht feuchten Boden (*Iris sibirica*). Die Wurzelstöcke sollten nicht zu tief im Boden liegen, dann bringt die Pflanze schönere Blüten hervor. Wenn die Iris verpflanzt werden soll, geschieht das bevorzugt in den ersten Wochen nach der Blütezeit.

Zwiebeliris sind empfindlicher, sie wachsen auf durchlässigem Gartenboden, der im Winter nicht zu feucht sein darf. Für den Steingarten eignen sich am besten winterharte Arten. Die meisten Zwiebeliris müssen mit einer Lage Torf oder trockenem Laub vor starken Frösten im Winter und Spätwinter geschützt werden.

Forsythien: Das leuchtende Gelb der Forsythien verkündet den nahenden Frühling. Die Blüten erscheinen an den kahlen Ästen,

Ein Symbol des Osterfestes, die Trompetennarzisse oder Osterglocke.

noch bevor das Blattwerk herauskommt.
Bis zu 3 m hoch werden die Äste der Forsythie, die einen Standort in der Sonne oder einen halbschattigen Platz bevorzugt. Forsythiensträucher bilden mehrere, sich bald verzweigende Stämme. Die Forsythie braucht im Garten wenig Pflege, wenn sie guten, kalkhaltigen Boden vorfindet. Allzu feucht mag sie es allerdings nicht. Nach der Blüte werden die Zweige kräftig zurückgeschnitten. Aus dem Boden wachsen immer neue Triebe, die meist im zweiten oder dritten Jahr schon prächtig blühen.

Vermehrt wird die Forsythie durch Stecklinge. Man steckt etwa 20 cm lange Triebe in die Erde, die meist rasch und problemlos anwachsen.

Narzissen: Die Narzisse gehört zu den beliebtesten Blumen im Frühlingsgarten. Als »Osterglocke« ist sie zur Osterzeit in der Vase unentbehrlich. Das Zwiebelgewächs mit schmalen Blättern, die gleichzeitig mit dem Blütenschaft austreiben, hat meist eine hellgelbe Blüte und eine becherartige Nebenkrone. Narzissen brauchen frischen, guten Boden, der im Herbst vorher reichlich gedüngt worden ist. Im ersten Winter sollte man die frisch gelegten Zwiebeln etwas abdecken, da sie noch frostempfindlich sind.

Alle Narzissen mögen Sonne, aber auch Halbschatten. Sie sehen wunderschön unter Gehölzen oder in der Nachbarschaft von kleinen Koniferen und im Staudenbeet aus. Man kann die Zwiebeln sogar in den Rasen legen, der dann allerdings erst nach dem Verblühen erstmals gemäht werden darf.

Die Zwiebeln werden im allgemeinen im September oder Oktober 10–15 cm tief gepflanzt und mit Reisig abgedeckt. Nach einigen Jahren können die Zwiebelhorste geteilt werden.

Ferner blühen im April: Buschwindröschen, Hornveilchen, Felsenbirne, Scheinhasel, Himmelsleiter, Hyazinthe, Blaukissen, Sumpfdotterblume, Tränendes Herz, Frühlingsschneeball, Lavendelheide, Kaiserkrone, Maßliebchen, Stiefmütterchen, Schachbrettblume, Gemswurz.

Mai

Über Mangel an Arbeit in frischer Luft braucht sich der Hobbygärtner im Mai kaum zu beklagen, vor allem nicht, wenn er einen Intensivgarten bewirtschaftet. Zwar schlagen im allgemeinen in der ersten Hälfte des Monats mit den Eisheiligen Frost und Kälte noch einmal zu, dafür sieht man es dann ab der zweiten Maihälfte um so kräftiger sprießen. Der Mai ist für alle, die Jungpflanzen im Treibhaus, Frühbeet oder in einer Saatschale vorgezogen haben, und natürlich auch für diejenigen, die sich die Pflanzen beim Gärtner besorgen, die Zeit des Pflanzens. Nach den letzten kalten Tagen, also nach dem 15. Mai, können alle Pflanzen ins Freiland. Im Blumengarten wird der bunte Flor immer üppiger und reicher. Die Obstbäume stehen in voller Blüte. Der Boden braucht in diesem Monat besondere Pflege. Da ist es gut, wenn - wie bei der Mischkultur - alle Beete so gut besetzt sind, daß kaum offener Boden dazwischen bleibt. Außerdem sorgt ein häufiger Fruchtwechsel im Mischkulturbeet dafür, daß den vielen Gartenschädlingen so wenig Angriffsfläche wie möglich geboten wird. Auch sollte man sich auf jeden Fall die geheimnisvoll beschützende Wirkung, die manche Pflanzen auf andere, ihnen benachbarte, haben, zunutze machen.

Was gibt's im Mai zu tun?

Bodenpflege

Der Boden braucht in diesem Monat reichlich Feuchtigkeit, um den Ansprüchen der jetzt ziemlich heftig ins Kraut schießenden Pflanzen zu genügen. Am besten ist es deshalb, zwischen den Pflanzen eine Mulchschicht aufzutragen. Sie verhindert das Austrocknen des Bodens durch Sonne und Wind. Außerdem werden die wertvollen Bodengare so am besten bewahrt, bis die Pflanzen herangewachsen sind und selbst für die notwendige Beschattung des Bodens sorgen.

Auf Beeten, die gehackt werden müssen, sollte man sich darauf beschränken, die Bodenoberfläche aufzurauhen. Die Unkrautbekämpfung ist damit wie durch die

So schön und lebendig wirkt eine Blumenwiese.

Mulchschicht ebenfalls erledigt. Aufrauhen zerstört die Haarröhrchen, durch die das Bodenwasser nach oben geleitet wird, damit es über der Erde verdunstet. Durch Hacken oder Aufkrümeln wird die Verdunstung unterbrochen, und die Feuchtigkeit bleibt den Wurzeln erhalten. Beim Hacken sollte man aber auf keinen Fall tief in den Boden eindringen. Im allgemeinen genügt das Aufrauhen mit einer Kralle.

Rasen im Mai

Für alle, die außer einen intensiv genutzten Nutzgarten auch noch Platz für ein Stück Rasen haben, gibt es im Mai einiges zu tun. Der Rasen muß mit Stickstoff gedüngt und je nach Witterung relativ häufig gewässert werden. Das abgeschnittene Gras kommt natürlich nicht in den Mülleimer, es enthält ja wichtige Nährstoffe und ist schnell zersetzbar. Man kann es problemlos kompostieren. Außerdem bietet es sich als gute Mulchschicht für Baumscheiben und Beete an. Rasen muß regelmäßig geschnitten werden.

Bei neuangelegten Rasenflächen läßt man das Gras beim ersten Schnitt 3–4 cm hoch stehen, beim zweiten Schnitt wiederum 3–4 cm. Der letzte Schnitt im Herbst sollte 2 cm hoch sein, weil das Gras andernfalls leicht fault.

Die Alternative zum Rasen ist die Blumenwiese. Sie braucht zwar weniger Pflege, ist aber auch nicht so strapazierfähig, also als Spiel- und Sportfläche keineswegs geeignet. Wer sich trotzdem für Blumen im Rasen oder eine richtige Wiese entschieden hat, darf ab Mitte Mai die Flächen nicht mehr betreten. Denn Ende Mai und im Juni ist der Blütenflor am schönsten. Wird eine Blumenwiese neu angelegt, ist die beste Aussaatzeit von März bis Mai. Wiesenblumenmischungen gibt es im Fachhandel zu kaufen. Blumenwiesen brauchen nur selten gemäht zu werden (mit der Sense). Auch auf Wässern kann man verzichten. Alle paar Jahr tut der Blumenwiese eine Gabe von Kali und Phosphat gut.

Dahlien pflanzen

Wer in seinem Nutzgarten ein Eckchen frei hat oder über einen Ziergarten verfügt, der setzt jetzt im Mai ein paar Dahlienknollen in die Erde. In einem Bauerngarten, an dem heute wieder viele Freizeitgärtner Gefallen finden, sind Dahlien wirklich unverzichtbar. Es ist günstig, den Boden vorher mit Kompost anzureichern. Günstiger Pflanztermin für Knollen ist Anfang Mai, für Stecklinge und Sämlinge erst nach dem 20. Mai. Bevor man die Knollen in den Boden legt, sollte man sie über Nacht in einen Eimer Wasser stellen. Beim Pflanzen der Dahlien hält man bei höheren Sorten einen Abstand von 60–80 cm ein; es genügt, wenn die Wurzelknollen 5 cm hoch mit Erde bedeckt sind. Bei den hohen Sorten steckt man, noch ehe die Knolle ihre Wurzeln entwickelt, eine Stütze in den Boden, um die Pflanze später festbinden zu können und ihr so Standfestigkeit zu geben. Außerdem brauchen die Pflanzen während des Wachstums viel Wasser, sonst kann Kümmerwuchs auftreten. Wenn etwa noch Fröste nach den Eisheiligen die ersten Blätter, die sich inzwischen entwickelt haben, braun werden lassen, besteht kein Grund zur Sorge. Die Knolle treibt nach kurzer Zeit neue Blätter aus. Man sollte bei wüchsigen Dahlien nicht alle Triebe stehenlassen, sondern sie im Juni leicht einkürzen, damit sie sich besser verzweigen. Verblühte Blüten ständig entfernen.

Schädlinge

Wühlmäuse bringen den Gartenbesitzer oft um die Früchte seiner Arbeit. Mit Fallen und anderen

Studentenblumen (Tagetes) sind nicht nur hübsch, sondern auch nützlich.

technischen Mitteln rückt man ihnen zu Leibe. Aber auch mit Speisezwiebeln, mit Knoblauch und anderen Pflanzen, wie Kaiserkrone, Wolfsmilch und Hundszunge, die man überall im Garten plaziert, kann man den Kampf aufnehmen. Wer eine Katze hat, der sollte sie öfter mal zwischen den Gemüsebeeten auf Jagd gehen lassen. Auch Lärmbelästigung, wie sie etwa aufgehängte Aluminiumstreifen oder kleine Windmühlen verursachen, stört Wühlmäuse. Das probateste Mittel aber ist bis heute sicherlich die Falle.

Gegen die lästigen Fadenwürmer oder Nematoden ist zum Glück in der Natur ein Kraut gewachsen. Man pflanzt im Mai Studentenblumen in gefährdete Beete, die wegen eines Wirkstoffes, den die Wurzeln ausscheiden, die größten Feinde der gefährlichen Fadenwürmer sind. Nematoden bohren Löcher in die Wurzelzellen der Pflanzen und ernähren sich vom Zellsaft. Danach können Pilzsporen und Bakterien in die Wunden eindringen. Besonders anfällig für diese Schädlinge sind Tomaten, Erdbeeren, Kartoffeln, Rüben, Gurken, Erbsen u. a. Außer durch den Anbau von Feinpflanzen (Tagetes) kann durch weitgestellte Fruchtfolge und alle Maßnahmen, die die Bodenfruchtbarkeit erhöhen, der Nematodenbefall eingedämmt werden.

Noch ein Wort zur Fruchtfolge und Mischkultur

Bevor all die Pflänzchen, die man seit Februar an geschütztem Platz vorgezogen hat, ins Freiland kommen, sollte man sich über die Ausnutzung und Aufteilung der Gemüsebeete im klaren sein. Da muß man wissen, welche Pflanzen wo stehen sollen, welche aufgrund ihrer Bedürfnisse gut zusammenpassen (z. B. flachwurzelnde Pflanzen) und was man am besten als Folgekultur vorsieht.

Die Mischkultur sorgt auf geradezu einmalige Weise für eine ständige Beschattung des Bodens und ist deshalb trotz höherer Erträge weniger pflegeintensiv als Beete mit nur einer Pflanzenart, wie man sie früher bevorzugte. Selbstverständliche Voraussetzung für gutes Gedeihen ist natürlich die optimale Vorbereitung des Bodens mit Kompost und Dünger. Gut vertragen sich im selben Beet z. B. Möhren, Zwiebeln und Radieschen, die alle eingerahmt werden von verschiedenen Schnitt- und Pflücksalaten. Es ist auf jeden Fall günstig, jährlich einen Fruchtwechsel vorzunehmen, also nicht immer wieder dieselben Gemüse auf demselben Beet anzubauen. Damit beugt man einerseits der Ermüdung des Bodens vor und schlägt andererseits vielen Schädlingen ein Schnippchen, die sich bei Verzicht auf Fruchtwechsel viel leichter ausbreiten können.

Früchte ausdünnen

Nachdem die Blütezeit der Obstbäume vorbei ist und die ersten Früchte angesetzt sind, ist darauf zu achten, daß nicht zu viele Äpfel, Birnen und Zwetschgen an den Ästen hängen. Die Menge geht hier auf Kosten der Qualität. Außerdem gibt es bei bestimmten Apfelsorten im darauffolgenden Jahr weniger Früchte. Bei neugepflanzten Obstbäumen sollen im ersten Jahr überhaupt keine Früchte am Baum verbleiben, damit dieser alle seine Kräfte auf die Entwicklung eines stabilen Tragegerüsts verwenden kann.

Säen, Pflanzen und Ernten im Mai

Bohnen: Bohnen sind empfindlich gegen Spätfröste, deshalb sollten sie nicht vor Mitte Mai gesät werden. Die Saat wird höchstens 3–4 cm tief in die Erde gelegt. Eine Stütze für die Stangen- und Feuerbohne sollte so angelegt sein, daß sie den anderen Pflanzen nicht das Licht wegnimmt. Im übrigen aber vertragen sich Bohnen in einer Mischkultur ausgezeichnet mit Kohlrabi, Salat und Radieschen, nicht aber mit Erbsen und Zwiebeln. Besonders günstig ist es, Bohnenkraut in der Nähe der Bohnen anzubauen, nicht nur weil man es beim Bohnenkochen so gut verwenden kann, sondern auch, weil es die schwarze Bohnenlaus auf Distanz hält. Bohnenerde darf nicht mit frischem Mist versetzt sein.

Einen mageren Boden kann man im Frühjahr noch mineralisch düngen.

Busch- und Stangenbohnen können ab Mitte Mai ausgesät werden. Bei Buschbohnen sind Folgesaaten bis Juli möglich. Am besten sät man 5–7 Körner in Horsten, d. h. in 3–4 cm flachen Nestern.

Die rankenden Stangenbohnen brauchen Halt an Stangen oder Drähten. Die Stangen, die etwa 2,50 m lang sein sollten, werden vor dem Legen der Samen zuerst in den Boden gesenkt (40–50 cm tief). Sie stehen entweder senkrecht oder schräg gegeneinandergelehnt, wobei sie mit querliegenden Stangen oder pyramidenartig zusammengebunden werden. Etwa 6 Samen werden pro Stange gelegt. Man kann die Samen auch in Töpfchen vorkultivieren und sie dann nach den Eisheiligen auspflanzen.

Sind die Jungpflanzen etwa 15 cm hoch, wird der Boden rundherum leicht angehäufelt. Die Erde um die Bohnen sollte bis zur Blüte 2- bis 3 mal gelockert werden. Eine auf feuchtem Boden ausgebrachte Mulchschicht läßt den Boden nicht austrocknen.

Feuer- oder Prunkbohnen: Von einer anderen Bohnenart stammt die stärker rankende und robustere Feuerbohne ab, die rot, weiß oder rotweiß blüht. Sie braucht mehr Platz als die Stangenbohne, ist auch frostempfindlich und wird ab Mitte Mai gelegt. Gegessen werden die jungen, grünen Hülsen von den fadenlosen Sorten wie z. B. ›Desiree‹, ›Polestar‹, ›Butler‹. Meistens läßt man die Samen als Trockenbohnen ausreifen (›Preisgewinner‹, ›Weiße Riesen‹). Es gibt auch nicht klet-

Bohnenstangen bilden das Gerüst für Kletterbohnen.

ternde Sorten. Beliebt ist die Feuerbohne nicht zuletzt als Sommerblume für Balkon und Spalier.

Chicorée: Wer kennt nicht die hellgelben Sprossen, die im Winter als Salat oder Gemüse in vielerlei Variationen zubereitet werden? Gesät wird Chicorée ab Mitte Mai im Reihenabstand von 40 cm; in der Reihe wird nach dem Auflaufen auf 8–10 cm vereinzelt. Man läßt ihn nun den ganzen Sommer über wachsen und erntet die Wurzeln ab Oktober, die dann zum Treiben in mit Erde gefüllte Eimer gestellt werden. Hellgelbe Sprossen gibt es nur, wenn kein Licht eindringt.

Sellerie: Mit dem Pflanzen von Sellerie muß bis Ende Mai gewartet werden. Wird er zu früh gesetzt, bildet er keine Knollen, sondern Blüten aus. Der Pflanzenabstand beträgt 40 × 40 cm.

Knollenfenchel: Im Intensivgarten des Feinschmeckers wird sicherlich auch der Knollenfenchel nicht fehlen. Die schoßfeste Sorte ›Zefa Fino‹ kann im Mai an Ort und Stelle gesät oder gepflanzt werden. Große Knollen bilden sich nur bei ausreichendem Wässern und Düngen.

Zucchini: Reiche Ernte bringt schon eine einzige Zucchinipflanze. Die Kultur ist pflegeleicht, wenn nur reichlich gedüngt und gewässert wird. Falls Sie keinen Platz mehr auf den Gartenbeeten haben, können Sie die Zucchini auch auf den Kompost pflanzen, wenn dort genügend Sonne ist.

Gurken: Mitte Mai können Gurken schon ins Freiland gesät werden. Da die Samen etwa 12 Tage bis zum Keimen brauchen, können ihnen die letzten kalten Tage dieses Monats kaum etwas antun; sie sind vorbei, wenn die Gurkenpflänzchen ihre ersten Blätter zeigen. Das Gurkenbeet sollte durch Humusgaben angereichert sein. Jetzt wird in dem Beet eine 20 cm breite und 20 cm tiefe Furche ausgehoben und mit gutem Kompost oder Stallmist gefüllt, ehe man den ausgehobenen Boden wieder darüber verteilt. Es entsteht ein kleiner Erdwall. Im Abstand von 20 cm werden Pflanzfurchen mit der Hand gedrückt und 2–3 Samenkörner etwa 3 cm tief in die Erde gelegt. Vorgezogene Setzlinge pflanzt man Ende Mai darin. Die Kultur auf schwarzer Mulchfolie behagt den wärmeliebenden Gurken sehr. An den Rand des Beetes pflanzt man Salat, Kohlrabi oder Bleichsellerie. Einen ausgezeichneten Windschutz bieten den empfindlichen Gurken auch Puffbohnen oder Zuckermais. Alle diese Nachbarn sind reif zur Ernte, bevor sich die Gurken allzuweit ausbreiten. Dann häufelt man die Gurken an und setzt Maschendraht, an dem die Pflanzen ranken können. Gurken müssen gut feucht gehalten werden. Kaltes Leitungswasser sollte fein versprüht werden. Man verwendet möglichst Regenwasser oder läßt Leitungswasser einige Zeit in der Gießkanne oder einem Eimer stehen.

Die Gurken brauchen reichliche Düngergaben, im biologischen Gartenbau verwendet man gerne auch verdünnte Brennesseljauche. Sie dürfen wegen der flachliegenden Wurzeln nicht gehackt werden, sondern bekommen eine dünne Mulchschicht.

Kopfsalat: Im Intensivgarten ist jetzt fortlaufend Saatzeit für Kopfsalat. Die Pflanzen werden dünngesät und später vereinzelt, indem man immer so viel Jungpflänzchen herauszupft, wie man gerade für die Salatschüssel braucht. Endgültiger Pflanzenabstand sollte 25 × 25 cm sein. Kopfsalat ist eine rasch wachsende Gemüseart. So kann man viele Monate im Jahr Salat ernten. Die erste Ernte erfolgt schon jetzt im Mai.

Radieschen: Man unterscheidet Frühjahrs- und Sommer- sowie Herbstsorten. Sie alle sind vitaminreich und gesund und bereichern das Frischkostangebot des Frühlings, Sommers und Herbstes, denn sie eignen sich sämtlich für Vor-, Zwischen- und Nachkulturen. Lockerer, humusreicher Boden, der nicht frisch gedüngt sein darf, ist für Radieschen am besten. In trockenen Monaten muß man die Radieschen regelmäßig gießen. Sie müssen nicht auf einem eigenen Beet wachsen, sondern können sehr gut an Rändern und Beetkanten ausgesät werden, weil sie sich problemlos mit den dort stehenden Pflanzen und Saatreihen vertragen.

Radieschen sollten nicht zu dicht gesät werden. Sie schießen dann zu schnell. Es dauert von Mai bis August etwa 3–4 Wochen, bis die Radieschen reif zur Ernte sind. Entsprechend sind die Folgesaaten zu terminieren. Jede frei werdende Reihe kann gleich wieder belegt werden.

Paprika: Wer Paprika gesät und im

Kopfsalat läßt sich nicht sehr lange lagern. Er schmeckt auch am besten erntefrisch aus dem Garten. Heben Sie Kopfsalat nie länger als 1 bis 2 Tage auf.

Spätestens ab der Blüte dürfen Tomaten kein Gießwasser von oben mehr abbekommen. Lassen Sie nicht alle Blüten stehen, sondern reduzieren Sie sie auf eine Anzahl pro Strauch, die zu großen schönen Früchten heranreifen.

Treibhaus, Frühbeet oder auf dem Fensterbrett vorgezogen hat, kann ab Mitte Mai die Jungpflanzen mit Ballen in humusreichen Boden setzen. Gemüsepaprika ist noch wärmebedürftiger als die Tomate und bringt nur bei Anbau im Gewächshaus, unter Folie oder hochgestellten Frühbeetfenstern reichlichen Ertrag. Bei günstiger Witterung kann man ab Ende Juli mit der ersten Ernte rechnen. Der Reihenabstand für Paprika beträgt etwa 40–50 cm.

Tomate: Für die Tomatenpflänzchen ist es frühestens ab dem 20. Mai soweit, sie an ihren endgültigen Standort zu bringen. Sie brauchen ein gut vorbereitetes Beet und ein besonders von der

Köstliche Tomaten belohnen Sie für liebevolle Pflege. Wenn es draußen schon zu kalt wird, kann man sie auf dem Fensterbrett nachreifen lassen.

Sonne begünstigtes Plätzchen. Vor einer stark besonnten Mauer werden sie sich mit Sicherheit besonders wohl fühlen. Vor der Pflanzung hebt man kleine Pflanzgruben aus und vermischt den ausgehobenen Boden mit Hornspänen und Knochenmehl. Man setzt die Pflanzen tief in die Erde, damit sich noch zusätzliche Wurzeln bilden; so kann die Pflanze mehr Nährstoffe aufnehmen. Die Pflanzen müssen von klein auf an Stäben festgebunden werden. Nur so sind sie in der Lage, reichlich Früchte anzusetzen und sie bis zur Reife zu tragen.

Spannen Sie eine Folienhaube über die wärmeliebende Tomate, setzt die Ernte früher ein.

Petersilie: Bis zur Blüte im Juni können noch von der im Vorjahr gesäten Petersilie die würzigen Blättchen gepflückt werden.

Kerbel: Er zählt zu den feinsten und aromatischsten unter den Gartenkräutern und wird als Salatgewürz verwendet. Kulinarische Kenner bereiten sich daraus ein ebenso gesundes wie delikates Kerbelsüppchen. Der Gartenkerbel (*Anthriscus cerefolium*) treibt aus einer dünnen Wurzel 30–60 cm hohe Stengel, an denen hellgrüne Blätter sitzen. Die ersten Kerbelsträußchen können jetzt im Mai geerntet werden. Kerbel ist eine relativ anspruchslose Gewürzpflanze; der Boden sollte allerdings immer gut feucht gehalten werden. Besonders aromatisch wird Kerbel an einem sonnigen Standort, aber auch im Halbschatten kommt man zu einer befriedigenden Ernte. Kerbel sollte immer wieder nachgesät werden, denn nach rund 6 Wochen bringt die Pflanze Samen hervor und ist als Gewürz nicht mehr zu verwenden. In Abständen von 2–4 Wochen müssen also die Folgesaaten erfolgen. Die letzte Saat (Ende September) kommt meist nicht mehr zur Reife, ist aber gut zu überwintern, so daß im Frühjahr zeitig frischer Kerbel zur Verfügung steht.

Thymian: Auf ein paar Thymianpflanzen im Garten sollte man nicht verzichten, denn er bereichert mit seinem Aroma den Küchenzettel auf besondere Weise. Thymian liebt trockenen Boden. Zuviel Feuchtigkeit oder Düngung mag er nicht. Der Standort sollte immer sonnig sein. Da die duftende Pflanze auch noch sehr hübsche rosa oder rote Blüten trägt, die im Frühsommer erscheinen, kann man sie außer ins Kräuterbeet auch in jedes Blumenbeet oder zwischen Gehölze setzen.

Bei der Ernte werden die Stengel kurz vor der Blüte im Mai geschnitten und in Bündelchen an einem trockenen Platz bei viel frischer Luft getrocknet. Der ausdauernde Winterthymian ist nicht ganz winterhart.

Was blüht im Mai?

Vergißmeinnicht: Es zählt zu den beliebtesten Blütenpflanzen im Frühlingsgarten und ist relativ problemlos zu kultivieren. Die zahlreichen Arten des Vergißmeinnichts sind Ein- und Zweijährige oder Stauden mit den charakteristischen blauen Blüten. Die Pflanzen brauchen viel

Duftende Maiglöckchen: schön, aber giftig.

Blütenpracht der Vergißmeinnicht.

Feuchtigkeit und lieben einen lehmig-humosen Boden, der gut Wasser halten kann. Bei trockenem Wetter müssen Vergißmeinnicht reichlich gegossen werden. Wer schon jetzt im Mai, also während der Blütezeit, an die blaue Farbenpracht des kommenden Jahres denkt, der vermehrt durch Aussaat von Ende Juni bis Ende Juli auf ein Saatbeet. Die Sämlinge werden vereinzelt und im Frühherbst ausgepflanzt. Der Ab-

Gartenflieder – Bäumchen oder Strauch – blüht im Mai mit prächtigen, herrlich duftenden Blütenrispen.

stand sollte 15 cm betragen. Leichter Winterschutz mit Fichtenreisig ist günstig.

Maiglöckchen: So schön das Maiglöckchen auch ist und so betörend es duftet, so giftig ist es auch. In einem Garten, in dem Kinder spielen, sollte man tunlichst darauf verzichten. Es wird nur etwa 20 cm hoch, hat verzweigte Wurzelstöcke und meist nur 2–3 große Blätter. Die Pflanze ist winterhart. Blütezeit für Maiglöckchen ist Mai. Im Garten gedeihen sie am besten an etwas beschatteten Standorten. Der Boden soll sandig-lehmig oder humos sein und auch etwas kalkhaltig.

Die Vermehrung erfolgt am besten durch Teilung im Herbst.

Ferner blühen im Mai: Akelei, Trollblume, Lupine, Pechnelke, Grasnelke, Ehrenpreis, Diptam, Schafgarbe, Flieder, Goldregen, Rhododendron, Clematis u. v. a.

Juni

In diesem Monat, in dem die Sonne ihren höchsten Stand erreicht und die Tage am längsten sind, gibt es im Garten ein üppiges Wachsen, Blühen und Fruchten. Beim Inspektionsgang am Morgen kann man nun schon die reif gewordenen Erdbeeren pflücken und die ersten roten Kirschen probieren. Die Rosen sind voll erblüht, und auch sonst herrscht im Garten kein Mangel an Farbe. Salat gibt es in Hülle und Fülle zu ernten, und der Intensivgärtner steht längst bereit, die Beete, von denen Radieschen, zarte junge Möhren und Pflücksalat abgeerntet sind, wieder neu zu bestellen. Brachliegende Flächen soll es ja während der gesamten Vegetationsperiode nicht geben.

Wichtigstes Gartengerät ist jetzt die Schere, damit Verblühtes weggeschnitten und Neuem, Nachstrebendem Platz gemacht werden kann.

In Trockenzeiten müssen Pflanzen und Beete am Abend gewässert werden. Dazu verwendet man am besten Wasser aus dem Regenfaß. Ist es leer, läßt man Leitungswasser längere Zeit in einem größeren Behälter abstehen und gießt dann mit der Gießkanne. Das bekommt Pflanzen und Saaten besser als eine kalte Dusche aus dem Schlauch.

Was gibt's im Juni zu tun?

Nach der ersten Ernte

Viele Beete, von denen man die frühen Gemüse und Salate abgeerntet hat, müssen nun wieder bereit gemacht werden für die Aufnahme der nächsten Kulturen. Wo bis jetzt Radieschen, Pflück- und Kopfsalat, aber auch frühe Möhren und Buschbohnen gestanden haben, pflanzt man nun Kohlrabi, Rosenkohl und Grünkohl.

Aber auch Eissalat, Paprika und Bleichsellerie, die man vorgezogen hat oder von denen man Jungpflanzen beim Gärtner besorgt, finden jetzt noch Platz auf abgeernteten Beeten.

Pflanzen mit kräftigen und feucht gehaltenen Wurzelballen wachsen schneller an. Außerdem kann man überall dort, wo noch ein Eckchen oder eine Reihe frei ist, wieder Salat, Radieschen und auch noch Möhren und Mangold aussäen. Buschbohnen können

den ganzen Juni über nachgelegt werden.
Wo der Boden durch mehrere Folgesaaten strapaziert wird, ist auf ausreichende Düngung zu achten. Brennesseljauche, Schachtelhalmtee und Komposterde sind natürliche Düngemittel.

Obstbäume brauchen Wasser

Wenn es im Juni besonders trokken ist, brauchen die Obstbäume, an denen allmählich die Früchte zur Reife kommen, sehr viel Wasser. Auf jede Baumscheibe kommen jeweils mehrere Kannen Wasser. Anschließend deckt man sie mit Rasenschnitt oder anderem Mulchmaterial ab, damit die Feuchtigkeit im Boden bleibt. Bei Obstbäumen, die auf einer Wiese stehen, sticht man im Bereich der Krone mit einer Grabgabel Löcher in den Rasen und gießt anschließend gründlich, damit das Wasser bis zu den Baumwurzeln kommt und nicht von der Grasnarbe verbraucht wird. Den Rasen unter Obstbäumen unbedingt kurz halten. Wenn noch nicht zu viele Früchte an den Bäumen hängen, sollte nochmals ausgedünnt werden. Ist der Fruchtbehang jetzt schon so schwer, daß die Äste nach unten hängen, müssen sie abgestützt werden.

Vogelabwehr bei Johannisbeeren und Kirschen

Einigen Kummer bereiten die Vögel (Drosseln, Amseln und Stare), die gern über die reifenden Früchte herfallen. Beerensträucher schützt man vor den gefräßigen Vögeln, indem man sie in Kunststoffnetze einhüllt. Große Süßkirschenbäume sind sehr schwer gegen Vögel abzuschirmen. Man kann es allenfalls mit Vogelscheuchen oder glänzenden Kunststoffbändern versuchen.

Säen, Pflanzen und Ernten im Juni

Erbsen: Die ersten Erbsen können jetzt im Juni geerntet werden. Folgesaaten von Erbsen sind bei richtiger Sortenwahl noch bis Mitte Juni möglich. Die Erträge sind aber geringer als bei Frühjahrsaussaat. Dabei ist daran zu denken, daß Erbsen gleichmäßig feuchte Böden lieben. Sie brauchen, besonders bis zur Blütezeit, reichliche Wassergaben. Nach der Ernte müssen die reifen, grünen Hülsen 1- bis 2mal wöchentlich gepflückt werden. Andernfalls werden die Körner zu hart. Frische Erbsen muß man sofort zubereiten oder tiefgefrieren. Bei den Zuckererbsen ißt man die jungen Hülsen. Geerntet werden sie, wenn die ersten Kernansätze zu sehen sind.

Grünkohl: Damit man rechtzeitig Jungpflanzen zur Verfügung hat, sät man Anfang Juni breitwürfig auf ein Anzuchtbeet. Nach etwa 8 Tagen geht die Saat auf, und man soll im Juni noch die Jungpflanzen vereinzeln. So entwickeln sich kräftige Setzlinge.

Bohnen: Es hat sich gelohnt, zeitig im Frühjahr Buschbohnen zu legen, denn ihre Ernte beginnt schon jetzt im Juni. Junge Buschbohnen ergeben einen köstlichen Salat, sind aber auch als Gemüse delikat. Sobald die Bohnen pflückreif sind, müssen sie immer wieder durchgepflückt werden. Andernfalls werden die grünen Hülsen der Buschbohnen hart und verlieren ihren guten Geschmack. Hat man den Erntetermin versäumt, läßt man die Bohnen so lange hängen, bis man die Bohnenkerne verwerten kann. Häufiges Pflücken ist auch deshalb günstig, weil die Anlage weiterer Blüten gefördert wird und so natürlich die Erträge größer werden. Bohnen darf man nur gekocht verzehren!

Kohlrabi: Ab sofort können sich Kohlrabiliebhaber auf die Knollen aus eigener Ernte freuen, denn die Frühsorten sind nach rund 8–9 Wochen nach dem Auspflanzen erntereif. So bekommt also, wer Anfang März unter Glas ausgesät hat, jetzt den Lohn seiner Mühe. Man pflanzt Kohlrabi bevorzugt als Zwischenfrucht bei Gurken, Kartoffeln, Salat und Tomaten. Die Pflanzen brauchen reichlich Wasser, um nicht holzig zu werden. Der Boden soll durchlässig sein. Man kann Kohlrabi das ganze Sommerhalbjahr über erntereif haben. Die Aussaat von Kohlrabi kann dann noch bis in den Juli fortgesetzt werden. Sie bleiben bis zu den ersten Frösten im Garten stehen und werden dann geerntet. Ältere Knollen können holzig werden.

Wirsing: Frühe Sorten vom Wirsing können jetzt geerntet werden. Wirsing steht schon wesentlich früher zur Verfügung als Rot- und Weißkohl.

Der Boden für Wirsingpflanzen, die im Frühjahr gesetzt werden, muß schon im Herbst mit reichlich Kompost oder Stallmist vorbereitet werden. Trockene Volldüngergaben im Sommer – möglichst bei Regen – verbessern die Ernteaussichten. Die Pflege besteht im Hacken und in regelmäßiger Bewässerung. Wird in Trockenzeiten zu spät beregnet, platzen die Köpfe. Beim Hacken wird angehäufelt.

Im Mai kann man schon junge Zwiebeln ernten und probieren.

Zwiebeln: Der Erntezeitpunkt für Zwiebeln richtet sich ganz nach Aussaat- oder Pflanztermin. Er liegt zwischen Mai und September. Die neuen Wintersteckzwiebeln werden Ende September gesteckt und sind ab Mai erntereif, ab Juni dann die gesäten Überwinterungszwiebeln (Aussaat Mitte August). Beim Ausmachen der frühen Zwiebeln mit einer Grabgabel den Boden anheben und die Zwiebeln Stück für Stück mit der Hand herausziehen. Späte Sorten werden für den Winter eingelagert. Sie müssen voher gut trocknen.

Porree: Porree oder Lauch ist

eigentlich ein Herbst- oder Wintergemüse. Wer im Februar Porree unter Glas ausgesät und die Pflänzchen im April auf die Beete gepflanzt hat, der kann Ende Juni mit der Ernte der zarten Lauchstangen beginnen. Man sät dann auf dem vom Lauch gut aufgelockerten Beet sofort Feldsalat, aber auch Radieschen, Chinakohl oder Eissalat aus. Frühe Freilandsorten sind erst ab Oktober reif zur Ernte.

Wer Wert legt auf lange weiße Porreestangen, der pflanzt tief und häufelt bis an die Blätter immer wieder an.

Möhren: Ab Ende Juni kann man die im März gesäten Frühsorten der Möhren ernten. Die später gesäten Wintersorten stehen bis in den November zur Ernte zur Verfügung. Wenn man also Anfang Juni ein zweites Mal frühe Möhren sät, erntet man im November noch einmal Frischgemüse für den Winterbedarf. Allerdings muß man die Pflänzchen um so weiter verziehen, je später gesät wird. Vor Frosteintritt deckt man das Beet mit der Juniaussaat mit einer bis zu 20 cm dicken, trockenen Laub- oder Strohschicht ab. Möhren, die man erst im Winter ausgräbt, schmecken besser als die eingeschlagenen aus dem Keller. Bei starken Frösten oder durch Wühlmäuse gibt es große Ausfälle.

Den Sommer über müssen die Beete ab und zu wieder gut durchlüftet werden. Die Rüben platzen, wenn nicht auf gleichmäßige Feuchtigkeit geachtet wird.

Tomaten: Ab Juni sind Tomaten für Düngergaben dankbar, und zwar monatlich einmal bis September. Wer biologisch gärtnert, verabreicht die Brennesseljauche und achtet auf eine Mulchschicht um die Pflanzen. Alle Achseltriebe werden an den heranwachsenden Pflanzen entfernt. Außerdem werden die Tomaten ab August entspitzt. Dann kann die Pflanze alle Kräfte zum Ausreifen der Früchte einsetzen. Die mit der Tomate in Mischkultur wachsenden Radieschen, Salat, Petersilie und Buschbohnen können geerntet werden. Radieschen und Salat werden erneut ausgesät. Es gibt auch Buschtomaten, die weder gestützt noch ausgeglitzt werden müssen.

Petersilie: Schon ab Juni erfährt der Küchenzettel eine würzige Bereicherung durch frische Petersilie, die im März erstmals gesät wurde und jetzt reif ist zur Ernte. Petersilie braucht nahrhaften, lockeren Boden und mag keinen frischen Mist. Bei Trockenheit muß sie reichlich gegossen werden. Sobald die Pflanzen eine Höhe von 8–10 cm erreicht haben, kann die Ernte beginnen. Nicht zu weit hinunterschneiden! Von der Petersilie (*Petroselinum crispum*) gibt es zwei Unterarten. Einmal die Blattpetersilie (ssp. *crispum*), von der krause und glattblättrige Sorten zu haben sind, und die Wurzelpetersilie. Wurzelpetersilie (ssp. *tuberosum*), die Ende März gesät wurde, muß gleich Anfang Mai auf 5 cm Abstand verzogen werden. Wer auch im Winter frische Petersilie aus eigenem Anbau haben will, sollte sich ein paar Pflanzen in einen nicht zu niedrigen Blumentopf einsetzen, der auf der Fensterbank in der Küche einen geeigneten Platz finden sollte.

Zum Überwintern schlägt man Petersilienwurzeln am besten in Sand ein.

Schnittlauch: Es gibt kaum einen Salat, eine Suppe, ein Eiergericht, das sich durch Schnittlauch nicht verbessern ließe. Das zum Wür-

Erdbeeren kurz vor der Ernte. Strohbüschel halten die Früchte vom Boden fern.

Je älter die Erdbeerpflanzen, desto kleiner die Früchte. Nach 2–3 Jahren ist die nächste Pflanzengeneration an der Reihe. Scheuen Sie sich also nicht, die überalterten Pflanzen zu roden.

zen geeignete Laub besteht aus dünnen Röhrchen. Der hohle Schaft ohne Blätter hat kleine rosa bis rote Blüten in Scheindolden. Der erste Schnitt kann bei Frühjahrspflanzung im Juni erfolgen. Durch regelmäßiges Schneiden wird das Wachstum der Röhren kräftig angeregt. Schnittlauch braucht ein Plätzchen in der Sonne oder im Halbschatten und wünscht sich humosen Boden mit genügend Kalk.

Erdbeeren: Erdbeeren sollte man selbst in sehr kleinen, intensiv bewirtschafteten Gärten anbauen, denn die Pflanzen ergeben eine reiche Ernte an köstlichen Früchten. Als Beeteinfassung für ein Gemüsebeet ist sehr wohl eine Reihe Monatserdbeeren denkbar. Von Juni bis in den Spätherbst kann man die Früchte ernten. Monatserdbeeren, die später Büsche bilden, sollte man in Abständen von 25–30 cm setzen.

An trockenen Tagen brauchen sie zusätzlich Wasser.
Für die normalen Erdbeeren auf dem Beet ist der Juni die Haupterntezeit. Die vollausgereiften Früchte werden einmal am Tag geerntet. Würden sie mit Stroh unterlegt, sind sie auch bei nassem Wetter sauber. Am besten markiert man sich besonders reichtragende Pflanzen, damit man von ihnen Jungpflanzen nimmt. Nach der Ernte wird der Boden zwischen den Pflanzen mit der Grabgabel gelockert, aber nicht umgegraben. Überflüssige Ranken werden bereits bei der Ernte entfernt. Rund um die Pflanzen wird durchgesiebter Kompost ausgestreut. Eine Düngung nach der ersten Ernte stärkt die Pflanzen.

Was blüht im Juni?

Lupinen: Lupinen gehören zu den wichtigsten Gründüngungspflanzen. Sie werden angebaut, um untergepflügt oder -gegraben zu werden und so den Boden zu verbessern.
Die bei uns in den Gärten anzutreffenden Lupinen blühen meist im Juni, Juli und August.
Lupinen brauchen viel Sonne und einen durchlässigen Boden. Sie vertragen große Nässe absolut nicht. Auch zuviel Kalk im Boden beeinträchtigt die Blühfreudigkeit. Die einjährigen Pflanzen werden durch Samen vermehrt. Stauden kann man durch Teilung im Frühjahr vermehren.
Levkojen: Levkojen gehören zu den klassischen Sommerblühern im Bauerngarten. Sie sehen an Zäunen und Hauswänden, aber auch am Rand eines Gemüse- oder Kräuterbeetes wunderschön aus. Die Sonnenlevkoje wird von Januar bis Mai unter Glas ausgesät. Sie stellt beträchtliche Ansprüche an den Boden, der nicht sauer sein darf. Nach der Aussaat darf die Temperatur nicht zu hoch sein. Ab Mitte April werden die Levkojen im Abstand von etwa 10 cm ausgepflanzt. Weißgelb, rot oder blau blühen die duftenden Sommerblumen, die sich zum Schnitt für die Vase eignen.
Stockrosen: Nährstoffreichen, tiefgründigen Boden lieben die bis zu 2,5 m hohen Stockrosen, die aus Bauerngärten nicht wegzudenken sind. Es gibt sie in vielen Farben, mit gefüllten und ungefüllten Blüten. Meistens werden sie zweijährig gezogen mit Aussaaten im Mai/Juni an Ort und Stelle. Der Befall mit Malvenrost läßt sich durch Ausbringen von Schachtelhalmtee etwas eindämmen, einen besseren Schutz

Rittersporn und Lupinen in vielen Farben – der Inbegriff schöner Sommertage.

vor Malvenrostbefall bietet die richtige Standortwahl.

Königskerzen: Die Königskerzen machen ihrem Namen alle Ehre und sind kostbare Schmuckstükke des Sommergartens, die bis zu 2 m hoch werden. Die im Garten meist zweijährigen Arten der Königskerze bilden Blattrosetten, aus denen hohe, aufrechte Stengel wachsen, an denen die Blüten sitzen.

Königskerzen benötigen trockenen, am besten sandigen Boden, gedeihen aber auch auf kalkhaltigem Grund. Man hat im Garten mit ihnen keine Pflegearbeit, denn sie überstehen auch Trokkenperioden gut. Sobald die Pflanzen geblüht haben, schneidet man die Blütenstände ab, weil sie andernfalls stark aussamen. Die Arten werden durch Samen vermehrt, den man im Frühjahr aussät und nach dem Aufgehen einmal verpflanzt. Erst im darauffolgenden Jahr stehen die hohen Blütenstände im Juni in voller Blüte, meist in Gelb.

Ferner blühen im Juni: Flockenblume, Lilie, Mädchenauge, Rittersporn, Feinstrahl, Sonnenröschen, Ginster, Geißblatt, Hortensie, Rosen u. v. a.

Juli

Das Gartenjahr geht nun in seine heißeste Zeit, die Vegetation ist auf dem Höhepunkt. Es gilt in erster Linie, die Pflanzen auch bei sehr trockener und heißer Witterung mit der für sie lebensnotwendigen Feuchtigkeit zu versorgen. Da macht sich nun eine Mulchschicht auf den Baumscheiben der Obstbäume und um die Beerensträucher bezahlt. Günstig ist auch, daß die Beete sämtlich voll besetzt sind, so daß es nirgends unbedeckten Boden gibt. So wird die Feuchtigkeit des Bodens bewahrt.

Auch im Juli ist Erntezeit im Obst- und Gemüsegarten. Die ersten Frühäpfel sind zu pflücken, Stachelbeeren werden geerntet; Gemüse, das im Spätherbst und Winter erntereif sein soll, wie

*Der Garten-Phlox (*Phlox paniculata*) aus Nordamerika hat unzählige leuchtende Hybriden entwickelt, mit denen man ganze Gärten bestücken kann.*

Phlox douglasii *trägt viele kleine Blüten auf stark verzweigten Stengeln. Der Name Phlox bedeutet Flamme.*

Winterrettiche, Herbstspinat, Radieschen, Chinakohl und Zuckerhut muß jetzt gesät werden. Jungpflanzen von Grünkohl, Herbst-Kopfsalat und Kohlrabi werden auf die Beete gesetzt, die zwischen zwei Kulturen eine Auffrischung des Bodens durch eine Kompostschicht brauchen.
Wunderschön grünt und blüht es um diese Zeit im Ziergarten; die Rosen stehen immer noch in voller Blütenpracht, Hortensien erfreuen uns mit großen blauen, rosa und weißen Dolden, der Phlox ist in seiner Farbigkeit kaum zu schlagen, die Wicken erobern mit ihren duftenden Ranken jeden Zaun und jedes Geländer.

Was gibt's im Juli zu tun?

Verbrauchtes ersetzen

Stauden und Sommerblumen haben während ihrer Blütezeit eine Menge Nährstoffe verbraucht, die jetzt ersetzt werden müssen. Handelsübliche Dünger enthalten neben den Hauptnährstoffen Kali, Phosphat und Stickstoff auch noch einige den Pflanzenwuchs fördernde Spurenelemente. Empfehlenswerter sind aber Dünger, die nicht nur der Pflanze direkt zugute kommen, sondern den Boden langfristig verbessern. Das sind außer den organischen Düngern wie Stallmist und Kompost auch Blut- und Hornmehl sowie Algenkalk und Gesteinsmehl.

Schwertlilien

Die Samenstände müssen nach der Blüte entfernt werden, nicht aber die Blätter. Man schneidet sie erst im Herbst, auch wenn sie fleckig sind und nicht mehr besonders attraktiv aussehen. Prachtiris sollen jetzt vermehrt und gepflanzt werden. Dazu bricht man dicke Rhizomstücke mit einigen Blättern ab und setzt sie flach in die Erde.
Auch andere Stauden, wie z. B. Trollblumen, Gemswurz, Kaiserkrone, Lilienschweif, können jetzt geteilt und verpflanzt werden.

Sommerschnitt der Obstbäume

Wer seine Obstbäume im letzten Winter geschnitten und dabei alles nach innen wachsende Holz entfernt hat, der braucht den Gehölzen jetzt nicht unbedingt mit der Schere zu Leibe zu rücken. Es kann aber nicht schaden, die Bäume einer gründlichen Inspektion zu unterziehen und dabei Überflüssiges zu entfernen. Für Walnußbäume ist jetzt sogar die günstigste Schnittzeit; doch sie sind ja in intensiv genutzten Kleingärten relativ selten.

Säen und Ernten im Juli

Blumenkohl: Die ersten Blumenkohlköpfe sind jetzt erntereif. Damit man einen hohen Ertrag und schöne große Köpfe bekommt, muß man den Pflanzen von Anfang an eine gute Pflege zuteil werden lassen. Das fängt mit gut gedüngtem Boden an, in den man die Samen einsät und später die Pflänzchen versetzt. Wichtig ist auch die regelmäßige Wasserversorgung. Bei Trockenheit in den letzten Wochen vor der Ernte bilden sich nur kleine Blumen. Sobald der Blumenkohl etwa so groß ist wie ein Tennisball, muß er vor Sonnenbestrahlung geschützt werden; man deckt einige abgeknickte Blätter über die Blume, damit die Röschen zart und weiß bleiben. Für die Herbstkultur erfolgt die Aussaat im Juni oder Juli ins Frühbeet. 5 Wochen nach der Aussaat kann man Setzlinge auf die Beete pflanzen. Bei sonnigem und warmem Wetter muß regelmäßig gegossen werden. Die Ernte beginnt dann im September.

Weißkohl: Ab Juli ist Erntezeit für die ersten Kohlköpfe. Man sollte nicht zu lange damit warten und die Köpfe gut im Auge behalten, weil sie aufspringen, wenn sie überreif werden. Am günstigsten für Weißkohl sind humose Böden mit Sand und Lehm; in den Boden sollte schon im Herbst vorher gut verrotteter Mist eingearbeitet werden. Dazu Kalkdünger im Spätwinter aufstreuen und im Frühjahr zusätzlich Stickstoffdünger wie Blutmehl oder Horn- und Knochenmehl einarbeiten. Sand- und Tonböden sind im Herbst und im Frühjahr vor der Pflanzung mit Kompost zu verbessern. Vom Weißkohl werden viele Früh-, Sommer- und Herbstsorten angeboten.

Es ist günstig, zwischen die Weißkohlpflanzen Sellerie oder Tomaten zu setzen, weil der starke Geruch dieser Pflanzen den

Eine »bunte« Gesellschaft im Zier- und Nutzgarten: Rotkohl, Grünkohl, Rosenkohl, Bohnen, Dahlien und Chrysanthemen.

schädlichen Kohlweißling auf Distanz hält.

Auch mit Spinat, Porree und Kartoffeln verträgt sich Weißkohl sehr gut.

Rotkohl: Frühe Rotkohlsorten können jetzt im Juli schon geerntet werden. Sie sind allerdings nicht zu längerer Lagerung geeignet und schmecken am besten frisch aus dem Garten. Späte Sorten dagegen bleiben so lange wie möglich auf dem Beet.

Rechtzeitig vor dem Einsetzen des ersten Frostes muß man die Köpfe des Rotkohls mit Strunk und Wurzeln ausgraben und kühl und trocken lagern.

In sehr warmen Gegenden kann Frühkohl von Spätsommer bis Herbst ins Frühbeet gesät und noch im Oktober gepflanzt werden. Das ist aber sehr risikoreich. Bei Frühjahrsaussaat kommt der Samen im März in die Erde, für sehr späte Ernte im Herbst erst Mitte bis Ende April. Die Setzlinge werden mit drei kräftigen Blättern ins Freiland gebracht. Sehr frühe Sorten kann man auch schon im Februar aussäen, am besten ins warme Frühbeet oder ins Treibhaus. Die Sämlinge pikiert man dann in Töpfe oder Pflanzschalen, bis sie kräftig genug fürs Freiland sind.

Grünkohl: Grünkohl, ursprünglich ein Lieblingsgemüse vor allem in Westfalen, Niedersachsen und an der Waterkant, ist inzwischen auch in anderen Regionen hochgeschätzt. Im Juli ist die beste Pflanzzeit für Grünkohl. Mit der Ernte beginnt man erst nach Frosteinbruch. Wer Jungpflanzen kauft, sollte auf die Sorte achten. Für Gegenden mit besonders harten Frösten gibt es spezielle Sorten: ›Niedriger grüner Krauser‹, ›Winterbär‹.

Das Beet, aus dem man jetzt im Juli die Frühkartoffeln ausnimmt, ist für die Grünkohlkultur besonders günstig. Aber auch das abgeerntete Erbsen- und Salatbeet bieten sich zur Neubestellung mit Grünkohl an. Der Boden sollte nährstoffreich sein. Eine nicht zu reichliche Kompost- oder Stallmistgabe ist angebracht, ebenso eine Stickstoff- und Kalidüngung, z. B. in Form von Hornmehl.

Spinat: Damit man auch im Herbst noch frischen Spinat aus dem eigenen Garten auf den Tisch bringen kann, muß Ende Juli ausgesät werden. Der Abstand zwischen den Reihen soll 25 cm betragen.

Spinat kann 2 bis 3mal geschnitten werden. Er fühlt sich in Mischkultur mit Tomaten, Radieschen, aber auch im Kohlbeet wohl.

Gurke: Die Gurken im Freiland werden erntereif. Beim Ernten muß man darauf achten, daß die Ranken nicht beschädigt werden, denn es werden ja nicht alle Früchte gleichzeitig reif. Je früher man Gurken erntet, desto zarter sind die Früchte; heute gibt es fast ausschließlich bitterfreie Sorten.

Winterrettich: Wer im Winter Rettich ernten will, der muß jetzt an die Aussaat der späten Sorten denken. Der Reihenabstand soll 20–25 cm betragen.

Gut verträgt sich der Rettich in einer Mischkultur mit Kopfsalat, Weiß- und Rotkohl, aber auch mit Mangold und Petersilie. Es dauert etwa 2½ bis 3 Monate, bis der jetzt gesäte Winterrettich erntereif ist.

Zuckerhut und Radiccio: Wer im Juni noch nicht dieses köstliche Salatgemüse gesät hat, sollte dies gleich Anfang Juli nachholen. Zuckerhut im Abstand von 40 cm säen, nach dem Auflaufen auf 35 cm in der Reihe vereinzeln. Für die Herbsternte von Radiccio eignen sich die Sorten ›Palla Rossa‹ und ›Cesare‹, zum Überwintern werden die Sorten ›Roter Veroneser‹ oder ›Roter von Verona‹ erst Ende Juli bis Anfang August gesät.

Chinakohl: Erst im Juli darf man den Chinakohl säen, sonst bringt er Blüten, aber keine schönen, großen Köpfe hervor. Die Aussaat erfolgt an Ort und Stelle, oder man zieht Jungpflanzen vor. Der Pflanzenabstand auf dem Beet sollte mindestens 30 × 30 cm betragen.

Winterendivie: Anfang Juli ist noch Zeit, Endiviensetzlinge heranzuziehen. Die Aussaat erfolgt 1–2 cm tief, später wird vereinzelt und im Abstand von 30 × 35 cm gepflanzt. Als Sorten sind zu empfehlen ›Diva‹, ›Golda‹, ›Bubikopf‹. Die feingekrausten Sorten, sogenannte Friséetypen (z. B. ›Elodie‹, ›Wallone‹), sind seit einiger Zeit besonders beliebt, weil sie nicht nur wohlschmeckend, sondern auch sehr hübsch sind.

Johannisbeeren: Ende Juli sind die Johannisbeeren (rote, weiße und schwarze) abgeerntet.

Nur die Sorte ›Meinemanns rote Spätlese‹ reift erst im August heran.

Aus Johannisbeeren wird Marmelade, vor allem Gelee und Saft gemacht. Am vitaminreichsten sind die schwarzen Sorten, die in den frischen Beeren einen hohen Gehalt an Vitamin C haben. Auch der Saft aus roten und schwarzen Beeren ist noch reich an Vitaminen.

Zuckerhut ist ein immer beliebter werdender Salat, der auch als Kochgemüse schmeckt.

Majoran: Majoran wird geerntet, wenn die Blütenknospen noch nicht ganz geöffnet sind. Das passiert im Juli oder August. Die abgeschnittenen Zweige werden an einem luftigen Ort, aber nicht in der Sonne getrocknet. In warmen Sommern kann man sogar zwei Ernten einbringen.

Majoran verträgt keinen Frost und wird deshalb erst im März in das Frühbeet oder in Töpfen im Zimmer ausgesät. Ab Mitte Mai pflanzt man dann 3–4 Jungpflanzen jeweils zusammen auf das Beet.

Der Boden sollte locker, der Platz sonnig sein. Majoran, ein vorzügliches Gewürz für Fleischgerichte, Wurst, Suppen und Gemüse, findet - zumindest in einigen Exemplaren - auf jedem Kräuterbeet Platz.

Was blüht im Juli?

Gladiolen: Gladiolen mit ihren schönen leuchtenden Farben sollten in keinem Sommergarten fehlen. Sie brauchen einen möglichst sonnigen Platz und durchlässigen Boden. Eine Düngung mit Stallmist und gelegentliche

Im Juli ist Erntezeit für Johannisbeeren.

Gladiolensorten reichen von Zwergformen über kleinblütige bis hin zu den großblütigen Hybriden.

Kompostgaben sorgen für kräftigen Wuchs und reiche Blüte.
Gladiolen sind Knollengewächse. Sie bringen über der Mutterknolle die neue Knolle hervor, aus der im folgenden Sommer die

Pflanze austreibt. Mit der Zeit werden die jungen Knollen immer kleiner, dann muß man neue Knollen kaufen. Kleine Brutknollen, die sich ebenfalls bilden, werden entfernt und im folgenden Frühjahr in ein Beet gesetzt. Nach 2 Jahren bekommt man daraus neue Gladiolenpflanzen. Nach der Blüte und mit Beginn der kalten Jahreszeit gräbt man, wenn das Laub vergilbt ist, Gladiolenknollen aus und überwintert sie an einem frostfreien Ort.

Wicke: Sie gehört zu den schönsten und liebenswertesten Erscheinungen des Gartensommers, die in allen Farben Hauswände, Pergolen, Lauben, Gitter und Sichtschutzwände erklimmen. Ab Juli blüht sie in den herrlichsten Farben. Es gibt hohe Sorten, die bis zu 2 m hoch werden, mittelhohe zwischen 60 und 100 cm, aber auch niedrige ab 25 cm Wuchshöhe. Diese niedrigbuschigen Duftwicken eignen sich auch sehr gut für Schalen oder für den Rabattenrand. Wicken brauchen, wenn der Boden zu trocken ist, reichliche Bewässerung, weil sonst die Blüten vorzeitig abfallen. Sie sind kalkliebend und danken reichliches Düngen mit starkem Blütenflor. Welke Blüten werden am besten gleich entfernt, weil sonst der weitere Blütenflor darunter leidet.

Staudenwicken kann man gut an Zäunen und als Heckenersatz pflanzen. Sie brauchen keinen allzu sonnigen Platz, sondern begnügen sich mit Halbschatten. Die Blüten sind ohne Duft.

Duftwicken kann man aus Samen vermehren, den man nach der Reife abnimmt. Staudenwicken vermehrt man durch Teilung.

Ferner blühen im Juli: Dahlien, Eisenhut, Fingerhut, Lavendel, Margerite, Sommerphlox, Clematis, Rosen, Knöterich, Besenheide u. v. a.

Wicken machen einen Zaun zur blühenden Wand.

August

Im hochsommerlichen Garten gibt es viel zu pflücken und zu schneiden. Die Obsternte geht weiter bei Pflaumen, Mirabellen und frühen Äpfeln und Birnen. In kurzen Abständen müssen die Bäume durchgepflückt werden, damit die Früchte im richtigen Reifestadium geerntet werden. Äpfel und Birnen sollen sich bei leichtem Drehen am Stiel vom Ast lösen, andernfalls sind sie noch nicht pflückreif. Gartenbrombeeren tragen nun ebenfalls Früchte und erwarten nach der Ernte einen gründlichen Schnitt. Erdbeerbeete sollten neu angelegt werden. Man hat sich ja schon im letzten Monat die Pflanzen vorgemerkt, die besonders reich getragen haben; von ihnen werden nun Ausläufer genommen. In voller Blüte stehen jetzt die Blumen des Hochsommers, wie Dahlien, Fackellilien, Lavendel, Sonnenblumen. Ebereschen, Berberitzen und Feuerdorn haben bereits ihre dekorativen Früchte angesetzt, die zugleich Vögeln in den kommenden Monaten willkommenes Winterfutter liefern.

Was gibt's im August zu tun?

Erdbeerbeet anlegen

Alle 2–3 Jahre legt man ein neues Erdbeerbeet an. Begonnen wird mit dem Pflanzen Ende Juli bis Mitte August. Je früher gepflanzt wird, um so reicher ist die Ernte im nächsten Jahr. Als Jungpflanzen nimmt man Ausläufer von gut tragenden Pflanzen, die man sich in den letzten Wochen der Ernte markiert hat. Der Boden des neuen Erdbeerbeetes bekommt eine gute Kompostauflage. Etwa 40–50 g Volldünger je Quadratmeter decken den Nährstoffbedarf für das ganze Jahr. Oder man gibt mit Gesteinsmehl vermischten, gesiebten Kompost in die Pflanzlöcher. Mehrmals im Jahr sind Erdbeeren für eine Spritzung mit Schachtelhalmbrühe dankbar. Da die jungen Pflänzchen in diesem Jahr noch nicht viel Platz brauchen, also nicht das ganze Beet bedecken, kann man zwischen den Reihen Feldsalat und Frühlingszwiebeln säen. Unbedeckt soll der Boden auf keinen Fall bleiben.

Volle Blüte und reiche Ernte – so präsentiert sich der Intensivgarten im August.

Zwiebelblumen pflanzen und verpflanzen

Frühblühende Zwiebelblumen, deren Zwiebeln schon einige Jahre im Boden liegen, so daß ganze Zwiebelklumpen daraus geworden sind, müssen geteilt und umgepflanzt werden.

Das geschieht am besten im August, also bevor die Zwiebeln neue Wurzelanlagen und Triebe gebildet haben. Bei frühblühenden Zwiebelpflanzen beginnt schon Ende August das neue Wachstum. Mit der Grabgabel hebt man das ganze Zwiebelnest heraus, teilt es und pflanzt es an einen anderen, gut geeigneten Platz. Jetzt ist auch Pflanzzeit für die im Herbst blühenden Zwiebelblumen: Herbst- und Goldkrokus sowie Herbstzeitlose. Madonnenlilien und Kaiserkronen müssen bereits im August in den Boden.

Säen und Ernten im August

Tomaten: Die Tomatenernte ist jetzt im August voll im Gange. Jeden Tag sieht man nach, ob Früchte gereift sind, und erntet sie dann ab. Unermüdlich bringt die Pflanze auch noch neue Blüten hervor, wenn der Gipfeltrieb nicht nach dem 5. oder 6. Blütenstand entfernt worden ist. Doch ist es unbedingt notwendig, weiteren Fruchtansatz jetzt durch Abzwicken der Blütenstände zu verhindern. Es empfiehlt sich, die Triebspitze abzuschneiden. Doch nur die bodennahen Blätter dürfen entfernt werden. Tomaten brauchen viel Laub, um gesunde Früchte zu entwickeln. Man beugt der Krautfäule vor, indem man die unteren Blätter abschneidet und eine Folienhaube über die Pflanzen stülpt.

Bohnen: Stangen- und Feuerbohnen, aber auch Buschbohnen sind jetzt noch zu ernten. Buschbohnen haben eine kürzere Erntezeit als Stangenbohnen. Durch Folgesaaten stehen einem bis zum Herbst die zarten Hülsen der Buschbohnen zur Verfügung. Stangen- und Buschbohnen gibt es mit grünen, blauen und gelben (Wachsbohnen-) Hülsen. Blauhülsige färben sich beim Kochen grün. Die meisten Sorten sind fadenfrei. Regelmäßiges Pflücken läßt die Bohnen nicht überreif werden. Blüten und kleine Hülsen dürfen beim Pflücken nicht verletzt werden.

Brokkoli: Im Mai gesäter Brokkoli kann jetzt geerntet werden. Der günstigste Zeitpunkt ist, wenn die Knospen der Blume noch nicht fest geschlossen sind. Brokkoli kann man mehrfach ernten, denn aus den Nebensprossen wachsen nach der Ernte der Mittelblume noch kleinere Sprossen.

Erst in den letzten Jahrzehnten spielt Brokkoli in unseren Küchen die Rolle, die er wegen seines ausgezeichneten Geschmacks verdient.

Immer noch wird er aber von seinem Verwandten, dem Blumenkohl, in den Hintergrund gedrängt. Dabei ist er einfacher anzubauen, feiner im Aroma und vitaminreicher.

Die Blütenstände sind gelblichgrün oder auch grün-violett und sitzen an dicken Stengeln, die man ebenfalls essen kann.

Kartoffeln: Sicher, in vielen Kleingärten wird sich kaum Platz für ein Kartoffelbeet finden. Bei größeren Gärten aber sind Kartoffeln eine lohnende Sache.

Frühkartoffeln werden bis zum 15. August laufend geerntet. Mittelfrühe Kartoffeln (August und September) kann man bis zum März des nächsten Jahres im Keller lagern. Späte Sorten, die erst im Oktober geerntet werden, sind länger lagerfähig.

Sobald die Pflanzen geblüht haben, kann man schon gelegentlich einzelne Stauden herausnehmen. Frühkartoffeln nach Bedarf ernten, da sie leicht verderben. Die eigentliche Erntezeit beginnt aber erst, wenn sich das Laub zu verfärben anfängt und abstirbt. Das günstigste Klima für die Lagerung von Spätkartoffeln ist eine Temperatur von 5–6 °C. Zuviel Wärme und Feuchtigkeit führen zu vorzeitiger Keimung.

Das Beet, das im nächsten Frühjahr Kartoffeln aufnehmen soll, wird im Herbst gut gedüngt. Am besten eignen sich Stallmist sowie Kompost.

Wirsing: Jetzt, wo das Gartenjahr allmählich in eine ruhigere Phase übergeht, ist es an der Zeit, an die Erträge des nächsten Frühjahrs zu denken. Wirsing kann in wärmeren Gebieten auf ein Anzuchtbeet ausgesät werden. Sobald die Pflänzchen kräftig genug sind, setzt man sie auf Beete, in denen man eine tiefe Rille gezogen hat. Darin sind die Pflanzen gegen Wind und Kälte bestens geschützt. Zusätzlich kann man sie noch mit Reisig abdecken.

Wirsing ist ein ideales Wintergemüse. Er läßt sich auch leicht einlagern, aber genausogut einfrieren und verliert dabei nichts von seinem edlen Geschmack.

Zwiebeln: Immer mehr Gemüsebeete werden allmählich leerer. Deshalb sollte man in wärmeren Gegenden ab Ende August Zwiebeln auf ein Anzuchtbeet säen. 3–4 Wochen später kommen dann die Jungpflanzen auf ein abgeerntetes Beet. Man kann auch gleich an Ort und Stelle säen. Wer jetzt Frühlingszwiebeln anbaut, kann sich im März auf frische Zwiebelblätter, im Mai auf zarte junge Zwiebeln freuen. Zwiebeln vertragen übrigens keinen frischen Dünger.
Nun ist auch die Haupterntezeit für Zwiebeln. Bei reifen Zwiebeln knickt das Laub um.

Gründüngung: Freigewordene Beete sollte man auf keinen Fall leer stehen lassen, sondern dort Gründüngung säen. Das fördert den Humusgehalt und hält den Boden gesund.

Birnen: Im Obstgarten gibt es jetzt allerlei zu ernten. Birnen werden nicht erst gepflückt, wenn sie reif sind, sondern schon einige Tage früher. Sie werden dann beim Ablagern reif, süß und saftig. Während es zahllose verschiedene Apfelsorten gibt, beschränkt man sich bei Birnen auf etwa ein Dutzend Standardsorten. Daneben gibt es noch regionale Sorten, die nicht überall gedeihen, aber meist besonders gut sind und einen charakteristischen Geschmack haben.
Birnbäume brauchen tiefgründigen humusreichen Boden. Es ist günstig, die Baumscheiben öfter mit einer Mulch- oder Kompostschicht zu bedecken.

Brombeeren: Brombeeren sind ab August reif zur Ernte. Erst wenn die Beeren sich leicht vom Fruchtboden lösen lassen, sind sie reif. Unmittelbar nach der Ernte der köstlichen und gesunden Beeren werden die Ruten, die in diesem Sommer getragen haben, geschnitten. Auch Seitentriebe

Brombeeren sind vielseitig verwendbar: zu Marmeladen und zu Saft, eignen sich aber auch zum Einfrieren. Wenn die Ernte ergiebig sein soll, muß man die Sträucher zwar etwas anbinden und ausschneiden, aber sonst sind die Pflanzen recht leicht zu kultivieren.

Himbeeren sind ein äußerst dankbares Beerenobst und verhältnismäßig leicht zu ziehen.

der Hauptschößlinge brauchen einen Rückschnitt bis auf 3 Augen. Insgesamt soll jede Pflanze nicht mehr als 4–5 Haupttriebe behalten, damit man im nächsten Jahr eine leichte Ernte hat.

Alle Brombeerarten lieben einen sonnigen oder halbschattigen Platz. Was den Boden angeht, so sind Brombeeren nicht besonders anspruchsvoll.

Sie können problemlos durch Ausläufer oder Wurzelschnittlinge vermehrt werden. Auch Stecklingsvermehrung ist möglich, am besten mit Stecklingen von den Seitentrieben.

Himbeeren: Auch im kleinsten und intensivst bewirtschafteten Garten haben als Beetbegrenzung oder an einem Zaun ein paar Himbeeren Platz. Bei relativ geringem Platz- und Arbeitsaufwand liefern sie eine beträchtliche Menge köstlicher frischer Früchte, die man gartenfrisch essen, aber auch einfrieren oder zu Gelee oder Saft verarbeiten kann.

Nachdem auch die letzten Früchte abgeerntet sind, muß man den abgetragenen Ruten und schwachen Jungtrieben mit der Schere zu Leibe rücken. Bis auf 6 oder 7 starke neue Triebe wird alles Holz herausgeschnitten. Auf 1 m der Himbeerhecke sollen nicht mehr als 8–10 Ruten stehenbleiben.

Himbeeren brauchen im Garten einen sonnigen Platz und durchlässigen Boden. Man sollte den

Boden öfter mit einer Kompostschicht oder mit Grasschnitt oder verrottetem Stallmist abdecken.
Vor der Neupflanzung von Himbeeren werden Stallmist oder halbverrotteter Kompost eingearbeitet.
Der Reihenabstand bei Himbeeren beträgt 50 cm. Himbeeren brauchen festen Halt an Zäunen oder Drähten, die zwischen Pfosten gespannt werden.
Zur Vermehrung nimmt man Ausläufer, die im Herbst abgeschnitten und dann gesetzt werden. Interessant für den Intensivgarten sind mehrmalstragende Sorten, die bis zum ersten Frost Früchte hervorbringen.
Erdbeeren: Wenn das Wetter in diesem Monat sehr trocken ist, müssen die frisch gepflanzten Erdbeeren stets reichlich gegossen werden.
Sind sie bereits gut angewachsen, werden sie im Herbst gehackt. Im Winter sollte das Erdbeerbeet dann am besten mit strohigem Mist abgedeckt werden.

Was blüht im August?

Dahlien: Unzählige Sorten in vielfältigen Formen und Farben gibt es von der Dahlie. Ob einfach, gefüllt oder halbgefüllt, Dahlien mit ihren üppigen Blüten sind ein besonderer Augenschmaus im August-Garten.
Jetzt sollte man die Dahlien nicht mehr düngen und nur bei großer Hitze wässern. Dahlien sind sehr frostempfindlich.
Im Herbst werden die Knollen der Dahlien vorsichtig mit der Grabgabel aus dem Boden genommen und in Torf gebettet. Dann kommen sie über den Winter in den kühlen Keller.
Im Frühjahr werden die Knollen geteilt und wieder ausgepflanzt, um im nächsten Sommer Herz und Auge des Hobbygärtners zu erfreuen, der sicher auch im kleinsten Gärtchen einen Platz für ein paar Dahlien findet. Es gibt auch Sorten, die als einjährige Sommerblumen gesät werden können.
Sonnenblumen: Mit ihren gewaltigen Stielen und den mächtigen, schweren Blütentellern sind sie ein wahres Wunder der Natur, und dazu noch ein gewachsener Futterplatz für viele Vögel.
Jeder normale Boden ist zum Anbau von Sonnenblumen geeignet; er sollte aber nicht zu trocken sein. Wichtig ist ein sonniger Standort, damit die Blumen ihrem Namen Ehre machen können. In jeder Gartenecke, aber auch am Ende eines Beetes, an der Hauswand oder vor der

Leuchtende Sonnenblumen sollten in jedem Garten Platz finden.

Terrasse haben ein paar Sonnenblumen Platz. Wie in alten Bauerngärten sehen sie auch wunderschön in der Nachbarschaft von Gemüsen und Beerensträuchern aus und können wie zufällig über den Garten verteilt sein. Wenn die Samen vollständig ausreifen sollen, muß man die Köpfe in lichtdurchlässigen Mull einbinden.

Einjährige Arten werden im April oder Mai ins Freiland gesät. Man kann sie aber auch in Töpfen vorziehen und dann die Jungpflanzen an den gewünschten Platz setzen. Ausdauernde Arten werden durch Teilen vermehrt.

Ferner blühen im August: Goldrute, Lavendel, Lilien, Nachtkerzen, Sonnenhut, Eibisch, Johanniskraut u. v. a.

September

In diesem Monat ist Erntezeit für Äpfel und Birnen. Bis auf einige späte Sorten wird man jetzt das meiste Kernobst pflücken und weiterverarbeiten oder im Keller in Horden lagern.
Die Spätgemüse sind zwar Ende September erntereif, sollten aber so lange wie möglich auf den Beeten bleiben.
Das gilt für Porree und in besonderem Maße für Grünkohl und Rosenkohl, den ein paar kühlere Nächte erst richtig zart und schmackhaft machen. Auch mit Sellerie und späten Möhren kann man sich noch Zeit lassen.
Jetzt im Herbst beginnt die Pflanzzeit für Sträucher und Obstgehölze; und im Ziergarten, aber auch an manchen Plätzen im Nutzgarten werden Zwiebeln für die Zwiebelblumen des kommenden Frühjahrs gelegt. Man setzt sie nicht einzeln oder in Reihen, sondern in kleinen Gruppen von 8–10 Zwiebeln, weil sonst die Blumen im Frühling wie Zinnsoldaten dastehen.
Wer eine Hecke rund um seinen Garten hat, der sollte sich jetzt zum letzten Schnitt dieses Jahres entschließen.

Was gibt's im September zu tun?

Obstbäume pflanzen

Mit Ausnahme von Aprikosen, Pfirsichen und Brombeeren, für die das Frühjahr als Pflanzzeit günstiger ist, kann jetzt mit dem Pflanzen der Obstgehölze begonnen werden. Gute Bodenvorbereitung ist das A und O im Obstgarten, denn der Baum muß ja zeit seines Lebens an dem einmal eingenommenen Platz gedeihen und Früchte tragen. Deshalb wird schon jetzt im September, 14 Tage vor der Pflanzung, die Pflanzgrube für den im Oktober zu pflanzenden Baum ausgehoben. Der ausgehobene Erdhaufen sollte mit gut verrottetem Kompost und mit Gesteinsmehl verbessert und dann bis zur Pflanzung mit Laub oder Stroh abgedeckt werden.
Der Grund des Pflanzlochs muß aufgelockert und ebenfalls mit einigen Handvoll Gesteinsmehl verbessert werden.
Jedes Obstgehölz braucht genügend Platz, um Licht, Luft und Sonne zu bekommen.
Die Tabelle rechts gibt dazu Hinweise.

Pflanzabstände von Obstbäumen und Beerensträuchern

Obstart	*Baumform*	*Abstand m*	*Fläche qm*
Apfel, Birne, Süßkirsche auf Sämling	Hochstamm Halbstamm	10–12	100
Apfel auf EM XI	Viertelstamm	5–6	30
Sauerkirsche, Pflaume, Zwetschge	Viertelstamm	5–8	40
Sauerkirsche	Busch	4–6	25
Pfirsich, Aprikose	Busch	5–7	35
Apfel	Busch	4–6	25
Birne	Busch	5–8	40
Quitte	Busch	5	25
Apfel, Birne	Spindelbusch	2,5–3	6–9
Apfel, Birne	senkrechter Schnurbaum	2–3	5
Apfel, Birne, Pfirsich	Flächenspalier	4–5	10 lfdm

Beerensträucher	*Wuchsform*	*Abstand m*	*Fläche qm*
Stachelbeere	Stamm	1 × 1	1
Stachelbeere	Strauch	2 × 1,5	3
Johannisbeere	Strauch	2 × 2	4
Himbeere	Strauch	0,5 × 1,5	0,75
Brombeere	Strauch	1,5 × 3	4,5
Haselnuß	Strauch	3–5	15–25

Himbeeren neupflanzen

Himbeeren wünschen sich tiefgründigen Boden und brauchen immer Feuchtigkeit. Deshalb ist es günstig, vor dem Pflanzen Kompost einzuarbeiten und nach dem Pflanzen der Ruten eine Mulchschicht aufzutragen. Der Abstand zwischen zwei Reihen sollte 1,20–1,50 m betragen. Sie gedeihen am besten in einem Abstand von 50 cm innerhalb der Reihe. Bei der Neuanpflanzung genügt es, wenn zwei Ruten stehenbleiben, die nach dem Pflanzen auf 20 cm zurückgeschnitten werden. Die bewurzelten Ruten müssen mindestens 2 kräftige Knospen haben. Himbeerruten tragen erst im zweiten Jahr nach der Pflanzung Früchte, danach müssen sie ausgeschnitten werden. Zwischen den Reihen kann man in den ersten beiden Jahren noch Gemüse pflanzen.

Bei älteren Pflanzen schneidet man nach der Ernte die Jungtriebe heraus. Es genügt, wenn an jedem Strauch sechs Jungtriebe stehenbleiben. Die neue Himbeerpflanzung braucht auch ein Rankgerüst, für das man 2–3 Drähte zwischen Pfosten spannt. Ausgeschnittenes Holz darf nicht kompostiert, sondern sollte verbrannt werden, um so der Rutenkrankheit vorzubeugen.

Johannisbeeren vermehren

Johannisbeeren kann man problemlos Ende September und im Oktober vermehren, indem man Steckhölzer von einjährigen Trieben abschneidet, die etwa 20–25 cm lang sein sollen. Sie werden zu zwei Dritteln in den Boden gesteckt.

Im Winter bilden sich Wurzeln und bis zum kommenden Herbst neue Triebe.

Im zweiten Jahr dann die kräftigen jungen Johannisbeersträucher in humusreichen Boden, am besten abwechselnd mit Stachelbeerbäumchen oder -sträuchern, einsetzen. Die Wurzeln werden dick mit Laub und Kompost bedeckt.

Beerensträucher schneiden

Nachdem die Ernte aller Beerensträucher abgeschlossen ist, müssen diese ausgelichtet werden. Sie tragen nur am ein- und zweijährigen Holz, an älteren Zweigen gibt es meist nur noch eine kümmerliche Ernte. Deshalb soll das alte Holz möglichst bald entfernt werden, damit die neuen Triebe genügend Platz für ihre Entwicklung haben.

Stauden vermehren

Vor allem durch Stauden erhält der Garten – und nicht nur der

Ziergarten – das ganze Gartenjahr über Schönheit und Farbe.

Zur Vermehrung von Stauden hebt man die Pflanze mit der Grabgabel vorsichtig aus dem Boden. Bei Stauden mit kräftigen Trieben kann man ohne große Mühe den Ballen auseinanderreißen. Anschließend muß man aber die Trennstelle glattschneiden und mit Holzkohlenpuder bestäuben, denn die Rißstelle ist anfällig für Krankheiten.

Dann werden mit scharfem Schnitt die Wurzeln um mindestens ein Drittel zurückgeschnitten. Es ist darauf zu achten, daß jedes Teilstück Triebknospen hat, weil sonst die Pflanze am neuen Standort nicht austreiben kann.

Man kann die Pflanze aber auch entweder mit den Wurzeln und der daran haftenden Erde mit dem Spaten teilen oder die Erde in einem Eimer Wasser abwaschen und die Teilstücke dann abtrennen. Jedes Teilstück kommt dann in das vorbereitete Pflanzloch. Die Erde wird rundum festgedrückt. Anschließend muß gründlich gewässert werden.

Frühjahrs- und sommerblühende Stauden müssen jetzt in den Boden gebracht werden.

Auch winterharte Blütenstauden können jetzt gepflanzt werden. Der Boden, in den die Stauden jetzt kommen, muß gut aufgelockert sein und soll reichlich Kompost, Horn- und Knochenmehl enthalten.

Säen und ernten im September

Möhren: Auch im Winter bleiben in warmen Gebieten viele Beete nicht unbestellt. So können jetzt Möhren gesät werden, die im Frühjahr erntereif sein werden. In schneearmen Wintern sollte das Beet zum Schutz gegen starke Fröste mit Fichtenreisig abgedeckt werden. Ein Stück Winterschutz bedeutet auch, wenn zwi-

Bei der Aussaat der Karotten muß man darauf achten, nicht zu dicht zu säen, damit sich die Pflänzchen nicht gegenseitig behindern.

Die schönsten Blütenstauden

Pflanze	*Blütenmonate Arten und Sorten*	*Wuchshöhe in cm*	*Farbe*
Frühling – Sommer			
Adonisröschen (Adonis)	2–4	30	goldgelb
Wildalpenveilchen (Cyclamen)	2–4	15	rosa, karmin
Primel (Primula)	3–4	10–40	gelb, rot, blau, auch Pastelltöne
Veilchen (Viola)	3–4	10–20	Violettöne, gelb, weiß
Leberblümchen (Hepatica)	3–4	10	blau, rosa, weiß
Gemswurz (Doronicum)	4–5	25–80	goldgelb
Schleifenblume (Iberis)	4–6	10–25	weiß
Pfingstrose (Paeonia)	5–7	30–100	weiß, gelb, rosa, lila-rosa, lachsorange, rot
Enzian (Gentiana)	5–11	10–50	Blautöne
Mohn (Papaver)	5–10	10–100	gelb, weiß, orange und alle Rottöne
Fingerkraut (Potentilla)	5–8	5–60	weiß, gelb, rosa, rot
Taglilie (Hemerocallis)	5–8	50–120	gelb, orange, rosa, rot, rotbraun, auch zweifarbig
Trollblume (Trollius)	5–7	20–120	gelb und orange
Sommer – Herbst			
Bartfaden (Penstemon)	5–9	30–100	weiß, gelb, rosa, lila-rosa, lachsorange, rot
Rittersporn (Delphinium)	6–7	120–200	weiß, Blau- und Lilatöne
Salbei (Salvia)	6–10	40–90	blau, violett, purpur
Akelei (Aquilegia)	5–7	15–75	weiß, rosa, gelb, purpur, rot, braun blau, meist mit creme und weiß
Prachtspiere (Astilbe)	6–9	15–100	weiß, creme, rosa, purpur, Rottöne
Sonnenhut (Rudbeckia)	7–10	60–200	gelb, gelborange, rot,
Perlkörbchen (Anaphalis)	7–8	20–40	weiß
Eisenhut (Aconitum)	7–10	100–150	gelb, Blau- und Violett-töne
Sonnenauge (Heliopsis)	7–9	120–130	Gelbtöne
Herbstanemone (Anemone)	8–10	40–100	weiß, rosa, rot
Lampionblume (Physalis)	8–9	40	orangerot (Fruchtkelch)
Gelenkblume (Physostegia)	8–10	60–90	weiß, weinrot
Sonnenblume (Helianthus)	8–10	80–300	gelb
Wildalpenveilchen (Cyclamen)	8–10	15	weiß, rosa
Rittersporn (Delphinium)	8–10 2. Blüte	120–200	weiß, Blau- und Lilatöne
Gartenchrysantheme (Chrysanthemum)	8–10	40–80	weiß, gelb, rosa, lilarosa, rot, rost
Herbstaster (Aster)	9–10	30–150	weiß, rosa, rot, blau, lavendel
Christrose (Helleborus)	11–4	25–50	weiß, rosa purpur

schen die Reihen Spinat gesät wird.

Spinat: Wer gleich im Frühjahr wieder frischen Spinat zur Verfügung haben möchte, der sollte jetzt im September noch einmal einsäen. Spinat läßt sich gut überwintern, wenn man als Winterschutz eine lockere Decke aus Reisig auflegt. Unkraut muß hin und wieder ausgezupft und das Beet gelegentlich gehackt werden. Vor der Einsaat ist das Beet noch einmal mit Kompost und Blut- oder Hornmehl zu düngen. Und, wie gesagt, Spinat verträgt sich gut mit Möhren.

Tomaten: Immer noch geht die Tomatenernte weiter. Die letzten wärmenden Sonnenstrahlen dieses Herbstes färben die Früchte rot. Gegen Monatsende sollte man dann auch die noch grünen Tomaten ernten. Sie reifen übrigens bei Zimmertemperaturen nach. Licht ist dazu nicht notwendig. Man legt die unreifen grünen Früchte auch wie Gurken in Essig ein. Sie sind eine pikante Beilage zum Fleisch.

Schwarzwurzeln: Wer zeitig in diesem Jahr Schwarzwurzeln gesät hat, der kann ab September von dem vitaminreichen und gesunden Gemüse ernten.

Schwarzwurzeln sind absolut winterhart, und man kann deshalb immer nur den jeweiligen Bedarf ausgraben. Die Wurzeln können den ganzen Winter über im Boden bleiben, sofern dieser so dick mit Laub abgedeckt ist, daß er nicht hart gefriert.

Schwarzwurzeln haben eine außergewöhnlich lange Wachstumszeit. Bis sie ausgewachsen sind, vergehen 7–8 Monate. Bei der Ernte wird auf einer Seite der Schwarzwurzelreihe ein kleiner Graben ausgehoben und dann auf der andern Seite der Spaten tief in die Erde gestochen und zum Graben hingekippt. So lassen sich auch die längsten Wurzeln unbeschädigt ausnehmen. Hat man mehr ausgegraben, als man für eine Mahlzeit braucht, kann man die Wurzeln in Sand einschlagen und in den Keller legen. Beim Putzen von Schwarzwurzeln sollte man auf jeden Fall Handschuhe tragen, denn Schale und Saft verursachen nur sehr schwer zu entfernende schwarze Flecken.

Damit Schwarzwurzeln schön weiß bleiben, legt man sie vor dem Kochen in Essigwasser.

Wurzelgemüse und Winterkohl: Diese Gemüse für die Lagerung wachsen in den Herbstwochen noch beachtlich. An schönen warmen Herbsttagen muß man sie noch gründlich gießen.

Was blüht im September?

Herbstastern: In fast allen Farben des Regenbogens erfreuen uns die fleißigen Herbstblüher, die man auch für die Vase schneiden kann. Astern brauchen zum Gedeihen und für eine üppige Blüte einen sonnigen bis halbschattigen Platz. Sie müssen, zumal in trockenen Sommern, regelmäßig gegossen werden. An den Boden stellen sie keine besonderen Ansprüche.

Astern vermehrt man am besten durch Teilung nach der Blüte. Junge Triebe werden mitsamt den Wurzeln abgetrennt und an den neuen Standort gebracht.

Die Pflanzen können bis zu 10 Jahren an ihrem Platz stehenbleiben, wenn sie zwischendurch gelegentlich mit Nährstoffen versorgt werden.

Ferner blühen im September: Gladiolen, Dahlien, Nachtkerzen, Herbstmargerite, Silberkerze, Knöterich, Säckelblume u.v.a.

Sorgen für Blütenpracht im Herbst: Bergastern.

Oktober

Allmählich geht es auf den Winter zu, das Laub beginnt sich zu verfärben, und bei sonnigem Wetter entfaltet der Garten noch einmal eine wunderbare Farbenpracht. Bevor der Hobbygärtner an Winterruhe denken kann, gibt es noch viel zu tun, damit der Garten gut vorbereitet in die kalte Jahreszeit geht. Im Obstgarten werden jetzt die letzten Bäume abgeräumt. Winteräpfel und -birnen wandern ins Kellerquartier und stehen den ganzen Winter über als Vitaminspender zur Verfügung. Äpfel bleiben, in gelochte Folienbeutel gepackt, frisch und saftig. Die abgeernteten Obstbäume müssen nun vor den im Winter aktiven Schädlingen geschützt werden. Deshalb legt man nach altbewährter Methode Leimringe um die Stämme. Das kann sogar die Spritzung ersetzen. Man kann solche Ringe im Fachhandel kaufen und mit Drahtkordeln befestigen. Der Ring muß in etwa 1,20 m Höhe so fest um den Stamm angebracht sein, daß er ein unüberwindliches Hindernis für die den Stamm herauflaufenden Weibchen des Frostspanners ist, die sonst in die Baumkronen kriechen und ihre Eier ablegen. Auch werden die Baumstämme jetzt mit einer festen Bürste oder einem Baumkratzer bearbeitet, damit die Leimringe dicht anliegen.

Verschrumpelte und verfaulte Früchte, die noch auf dem Boden liegen, müssen aufgelesen und vernichtet werden.

Was gibt's im Oktober zu tun?

Umgraben der Beete

Für Böden, die stark mit Unkraut durchwachsen sind, oder für Brachland, das erstmals urbar gemacht wird, sollte man als Werkzeug nicht, wie früher üblich, den Spaten, sondern die Grabgabel einsetzen. Mit ihrer Hilfe kann man die unliebsamen Quecken, Giersch oder sonstige Kräuter samt den Wurzeln aus dem Boden heben, abschütteln und vernichten. Schon kultivierter, lockerer Boden sollte aber nicht umgegraben, sondern mit der Grabgabel oder dem Sauzahn gelockert und durchlüftet werden. Nur so ist gewährleistet, daß die Bodenlebewesen bei ihrer wichti-

gen Arbeit der Bodenaufbereitung nicht unnötig gestört werden. Außerdem wäre es unsinnig, die obenliegende Humusschicht durch tiefes Graben in Schichten zu bringen, in denen sie von den Pflanzenwurzeln nicht erreicht werden kann. Viel wichtiger als das Graben ist deshalb die Bedeckung des Bodens mit Mulchmaterial, das vor Austrocknung schützt, für ein ausgeglichenes Bodenklima sorgt und zudem Nährstoffe bereithält.

Obstgehölze pflanzen

Die Obstbäume, für die wir schon im September die Pflanzgruben ausgehoben haben, können im Oktober als Containerpflanzen oder wenn alles Laub abgefallen ist, gepflanzt werden. Auf guten Böden kann man nach dem Ausheben der Pflanzgrube und dem Einarbeiten von Humus und Nährstoffen sofort pflanzen. Als erstes wird in die Grube der Stützstab eingeschlagen, damit man später die Wurzeln des jungen Bäumchens nicht verletzt. Es ist günstig, den Baumpfahl zu imprägnieren. Nun werden die dickeren Wurzeln glattgeschnitten, so daß die Schnittflächen nach unten zeigen. Nun den Baum in das Pflanzloch stellen und die Wurzeln sorgfältig auseinanderlegen. Droht Wurzelverbiß durch Wühlmäuse, sollte man Maschendraht in die Pflanzgrube legen, der die Wurzeln umfaßt. Der Baum darf nur so tief eingepflanzt werden, daß die Veredlungsstelle 10–15 cm über dem Boden ist. Mit der ausgehobenen und durch Dünger verbesserten Erde zuschütten, antreten und mit viel Wasser angießen. Den Baum an seine Stütze binden und die Baumscheibe mit Laub oder Grasschnitt abdecken.

Einjährige Blumen säen

Damit man im nächsten Jahr frühzeitig Jungpflanzen von Einjährigen zur Verfügung hat, werden diese jetzt ausgesät. Geeignet sind einjährige Rittersporne, Mohnblumen, Ringelblumen und Lein. Trotz Frost und Schnee sind die Sämlinge relativ problemlos zu überwintern.
Es macht sich sehr gut, wenn man Einjährige zwischen Tulpenzwiebeln und spätblühenden Stauden aussät.

Schneeheide pflanzen

Damit auch der tiefe Winter nicht blütenlos ist, sollte man jetzt an Stellen, die vom Wohnzimmerfenster aus gut sichtbar sind, Schneeheide pflanzen. Sie ist zufrieden mit jedem Gartenboden,

Ein ausreichend großer, heller Raum – Kleingewächshaus, Wintergarten, kühles Zimmer – ist das richtige Winterquartier für alle Kübelpflanzen, die in unserem Klima nicht draußen überwintern dürfen. Dazu gehört auch der Agapanthus.

braucht nur einen sonnigen Platz und blüht dann mitten im Winter.

Kübelpflanzen einräumen

Sobald die Temperaturen unter 0 °C absinken, ist es an der Zeit, einige Kübelpflanzen ins Winterquartier zu räumen. Die Engelstrompete, aber auch Geranien und Fuchsien müssen vor den ersten Frösten ins Haus. Leichte Fröste vertragen dagegen Lavendel, Oleander, Agapanthus, Bleiwurz, Strauchmargerite, Lorbeer und Granatapfel.

Alle Kübelpflanzen sollten möglichst hell, kühl und frostfrei überwintert werden.

Ernten im Oktober

Rosenkohl: Zum erstenmal wird jetzt Rosenkohl geerntet. Man pflückt von unten immer die größten Röschen ab. Einige Wochen später ist eine weitere Pflückaktion fällig. Und auch im Winter kann weitergeerntet werden. Es ist darauf zu achten, daß der Boden um die Pflanzen genügend Feuchtigkeit hat, aber nicht verdichtet ist. Am besten lockert man ihn gelegentlich auf.
Meerrettich: Die Meerrettichernte beginnt im späten Oktober und dauert bis Anfang November. Die neugebildeten Seitenwurzeln werden ausgegraben und im Sand bis zum nächsten Frühjahr aufgehoben. Sie werden dann als neue Fechser verwendet. Bei der Ernte ist darauf zu achten, daß keine Wurzelteile im Boden bleiben, ansonsten ist es ein lästiges Unkraut.
Rettich: Auch der Winterrettich steht jetzt zur Ernte an. Er kann bis zum Verbrauch im Tontopf oder zwischen Sand im kühlen Keller aufbewahrt werden. Rettiche fühlen sich als Randpflanzen im Gurkenbeet ausgesprochen wohl und mögen auch die Nachbarschaft von Bohnen, Salat und Kohlrabi. Ein bewährtes Hausmittel gegen Husten wird aus dem Honigsaft des schwarzen Winterrettichs zubereitet.
Rote Bete: Rote Bete gehören zu den unproblematischen Gemüsepflanzen. Man braucht ihnen auch kein eigenes Beet einzuräumen, sondern setzt sie im entsprechenden Abstand als Begrenzung von Gemüsebeeten und - an sonniger Stelle - auch im Ziergarten. Die Knollen enthalten reichlich Mineralsalze, Zucker und Vitamine. Rote Bete, auch rote Rüben genannt, sind rotfleischig und ein Gänsefußgewächs. Sie sind mit der Futterrübe verwandt und heißen botanisch *Beta vulgaris* var. *conditiva.*
Rote Bete passen praktisch auf jedes Beet. Ihr üppiges Blattwerk wirkt auch zwischen Blumen und Ziergehölzen keineswegs störend. Jetzt im Oktober ist Erntezeit. Man kann die Rüben aber auch schon vorher zum Sofortverbrauch herausziehen. Spätestens im Oktober müssen sie mit einer Grabgabel ausgehoben werden, wobei man das Laub entweder abschneidet oder abdreht. Die Wurzeln dürfen nicht beschädigt werden.
Salat: Zur Ernte im Oktober gibt es auf den Beeten noch Endiviensalat, der nur wenige Minusgrade verträgt und es im Garten noch bis zum Monatsende aushält;

dann aber muß das Beet mit einem Folientunnel abgedeckt werden, oder der Endiviensalat muß im freistehenden Frühbeet eingeschlagen werden. Aber auch Feldsalat und Zuckerhut sind typische Herbstsalate, die jetzt für eine Vitaminzufuhr sorgen.

Chicorée: Gegen Ende Oktober und auch im November noch sollte Chicorée aus dem Boden genommen werden. Er wird vorsichtig ausgegraben, die Blätter muß man 2–3 cm über dem Rübenkörper abschneiden und zu lange Rüben einkürzen. Bis zum Treiben sollte man sie kühl, dunkel und feucht aufbewahren.

Äpfel: Im Oktober werden die Winteräpfel geerntet und auf ihren Lagerplatz für den Winter gebracht.

Die Apfelsorte ›James Grieve‹ hat einen ausgezeichneten Geschmack und ist frostbeständig.

Blattlose Schönheiten sind die Herbstzeitlosen.

Wer jetzt noch einen oder mehrere Apfelbäume pflanzen will, der sollte über deren Bedürfnisse und Sorteneigenarten Bescheid wissen. Ein Apfelbaum allein trägt übrigens keine Früchte. Ein Pollenspender muß in der Nachbarschaft stehen. Aber nicht alle Sorten sind gute Pollenspender! Der Apfelbaum gedeiht auf Lehm-, Sand- und sogar auf Moorböden, doch darf der Boden weder zu leicht und durchlässig noch zu schwer und naß sein. Die Wahl der Unterlage orientiert sich an den Standortverhältnissen. Nach dem Laubfall erhalten die Obstbäume ihre erste Düngergabe.

Birnen: Auch die Birnen werden jetzt gepflückt und zum Nachreifen an einen kühlen trockenen Platz gebracht.

Rhabarber pflanzen

Rhabarberpflanzen sollten jetzt im Oktober gesetzt werden. Sie haben einen Platzbedarf von etwa 1 Quadratmeter. In die Pflanzgrube kommt eine Lage angerotteter Stallmist. Rhabarber braucht reichlich Wasser. Vor Einbruch des Winters sollten die Pflanzen mit Mulchmaterial abgedeckt werden.

Was blüht im Oktober?

Zwergmispel: Sie sind nicht nur hübsch und dekorativ anzusehen, sondern bieten zugleich den Vögeln Nahrung. Zwergmispeln sind ausgezeichnete Bodendekker und überwachsen größere Flächen; sie können auch sehr schöne freiwachsende Hecken bilden. Außerdem sind sie eine willkommene Bienenweide. Die Blüten sind weiß bis rötlich, die Blätter im Herbst herrlich bunt gefärbt.

Zwergmispeln stellen keine besonderen Ansprüche. Der Standort kann sonnig oder halbschattig sein. Die Vermehrung der meisten Arten erfolgt durch die Stecklinge im Hochsommer (immergrüne) oder im Frühjahr (sommergrüne).

Herbstzeitlose: Herbstzeitlose, die zum Schönsten, aber zugleich auch zum Giftigsten gehören, was der Garten im Herbst hervorbringt, lieben einen sonnigen Platz und nahrhaften Boden. Man steckt die Zwiebeln in der Nähe von Gräsern und kleinen Immergrünen. Die Knollen werden 10–15 cm tief in den Boden gelegt. Die Zwiebeln sind absolut winterhart.

Zur Vermehrung werden die Knollen im August ausgegraben und die Brutknollen abgenommen. Im nächsten Herbst blühen sie noch etwas zaghaft, aber im folgenden Jahr erscheinen sie in schönster Farbenpracht.

Ferner blühen im Oktober: Winterastern, Fetthenne, Fingerkraut, Rosen; Früchte tragen Felsenmispeln, Berberitzen, Feuerdorn u. a.

November

Wer in diesem Herbst noch nicht dazu gekommen ist, seine Obstbäume oder Beerensträucher zu pflanzen, der hat jetzt die letzte Gelegenheit. Denn im Laufe des November stellen sich meist schon die ersten stärkeren Fröste ein. Auch mit Schnee muß in diesem Monat bereits gerechnet werden. Bäume und Sträucher, die man umpflanzt und die dabei zwangsläufig einen Teil ihres Wurzelwerks einbüßen, müssen auch oberirdisch zurückgeschnitten werden.

Auch an den Vogelschutz ist in diesem Monat zu denken. Schließlich sollen sich ja die Vögel in unseren Gärten das ganze Jahr über heimisch fühlen. Das Futterhäuschen wird deshalb jetzt hinausgestellt und Vogelfutter angeschafft. Gefüttert werden soll aber nur, wenn starker Frost oder hoher Schnee den Vögeln die Futtersuche unmöglich machen. Das Normale ist, daß sie sich auch im Winter von Schadinsekten und deren Überwinterungsformen ernähren.

Für Vögel, die Weichfutter bevorzugen, ist mit den Früchten von Eberesche, Weißdorn, Mispel, Liguster und Holunder der Tisch ohnehin gedeckt.

Was gibt's im November zu tun?

Beete winterfest machen

Beete, die jetzt noch mit Gemüse besetzt sind, das entweder im Laufe des Winters oder im nächsten Frühjahr geerntet werden kann, sollten mit Folie, Vlies, einer Schicht Laub oder mit Reisig zugedeckt werden, damit man auch bei Frost davon ernten kann. Das gilt nicht für Grünkohl, der durch Kälteeinwirkung erst richtig schmackhaft wird. Winterspinat, Feldsalat und Winterkopfsalat aber haben eine schützende Auflage besonders nötig, wenn sie gut und ohne Schaden durch den Winter kommen sollen.

Beginn der Chicoréetreiberei

Im November stellt man die Chicoréerüben – auch Löwenzahnwurzeln sind dazu geeignet – in einen mit Erde gefüllten Eimer. Gut angießen und dunkel stellen. Bei 14–18 °C treiben die Wurzeln schon bald die hellgelben Sprossen heraus.

Um im Winter Chicorée zu bekommen, brauchen Sie Wurzeln – man nennt sie Zapfen. Die Dicke des Zapfens bestimmt die Qualität der Kopfbildung.

Erdbeeren schützen

Eine sorgfältige Inspektion des Erdbeerbeetes ist in diesem Monat angezeigt. Ableger, die übersehen wurden oder die sich noch gebildet haben, sollten entfernt werden. Bei älteren Pflanzen streut man dick Kompost, der reichlich mit Mist durchsetzt sein kann, auf den Boden unter den Blättern. Das ist zugleich eine Nährstoffzufuhr für den Boden und eine Frostschutzmaßnahme für die Pflanzen, wo strenge Winter die Regel sind.

Beerensträucher schneiden

Die Beerensträucher brauchen einen kräftigen Rückschnitt während der Vegetationspause, wenn sie im nächsten Jahr wieder üppig tragen sollen. Falls nach der Ernte der Schnitt versäumt wurde, kann man ihn jetzt nachholen. Am besten werden alle Langtriebe der Sträucher um etwa ein Drittel gekürzt. Auf diese Weise entwickeln sich verstärkt Seitentriebe. Wenn nötig, sollte man die Sträucher auch auslichten.

Schnittlauch: Wer noch nicht daran gedacht hat, sich ein paar Schnittlauchstauden vom Kräuterbeet ins Haus zu holen, damit er auch im Winter mit dem vitaminreichen Kraut versorgt ist, sollte dies jetzt nachholen. Am besten pflanzt man die Stauden in kleine Töpfe oder eine Schale. Damit der Schnittlauch auch wirklich austreibt, sollte man den Ballen 12 Stunden lang in Wasser von 40 °C legen. Die Töpfe werden ans Fenster gestellt und häufig gegossen.

Ernten im November

Sellerie: Auch im November gibt es noch etwas zu ernten, denn die Sellerieknollen bleiben bis An-

Zierkirschen stehen im November noch in schönster Blüte.

fang November im Boden, wenn die Temperaturen nicht unter minus 5 °C fallen. Dann gräbt man sie aus, löst die kleinen Wurzeln und schneidet die Blätter bis auf die Herztriebe ab. Die Knollen lassen sich gut in feuchtem Sand im luftigen Keller überwintern, so daß man auch in den frischgemüsearmen Monaten mit dem herzhaften Vitaminspender versorgt ist. Sellerie ist zweijährig, wird aber als Gemüse und Gewürz nur einjährig gezogen. Manchmal blüht er bereits im ersten Jahr, wenn es nach dem Pflanzen sehr kühle Tage gibt.

Im Garten ist Sellerie ziemlich anspruchsvoll. Knollensellerie verlangt einen sonnigen bis halbschattigen Platz und einen

Sellerie hat nicht nur kräftige Würze, sondern ist auch gesund.

Boden, der reichlich Nährstoffe, vor allem Kalk, zur Verfügung stellt.

Endiviensalat: Nach der Ernte im Spätherbst kann man schöne feste Köpfe dieses gesunden und schmackhaften Salats im sehr kühlen Keller noch einige Zeit lagern.

Chinakohl: Bevor im November Bodenfrost kommt, sollten die letzten Köpfe dieses wohlschmeckenden Gemüses abgeerntet sein.

Zuckerhut: Er verträgt Temperaturen von unter −5 °C. Ist stärkerer Frost angesagt, sollte man die Köpfe mit der Wurzel herausnehmen und in Zeitungspapier einwickeln. Kühl lagern.

Was blüht im November?

Zierkirsche: Ganz blütenleer ist auch der sonst so trübe November nicht. *Prunus subhirtella*, die Zierkirsche, wächst bis zu 5 m hoch und trägt an ihren herunterhängenden Zweigen zarte weiße bis rosa Blüten.

Wer sich eine solche Zierkirsche vors Fenster gesetzt hat, der kann in den dunklen Monaten vom Zimmer aus seine Freude an dem fast unwirklichen Blütenzauber haben.

Ferner blühen im November: Winterastern, Duftschneeball u. a.

Dezember

Das Gartenjahr klingt recht beschaulich aus. Frost und Schnee hindern den Hobbygärtner meist an größerer Aktivität. Dafür hat er jetzt Zeit, Pläne zu machen und sich schon jetzt zu überlegen, wie sein Garten im nächsten Jahr aussehen solle, was noch besser gemacht werden kann, wie sich sein Stück Land noch intensiver und sinnvoller nutzen läßt, ohne daß er deshalb in natürliche Kreisläufe störend eingreift oder gar Raubbau am Boden treibt.
Hat man sich Pflanzen bestellt, die erst nach den Frösten eintreffen, also nicht mehr gesetzt werden können, schlägt man sie an einem windgeschützten Platz in einen schräg angelegten Graben ein und deckt sie mit Erde und einer dicken Laubschicht ab.
Im Gemüsegarten gibt es immer noch etwas zu ernten, und am Küchenfenster hegt man frisch eingesäte Kresse und Kerbel. An einem nicht zu kalten Tag kann man sich um den Komposthaufen kümmern, der jetzt umgesetzt werden könnte.
Am 4. Dezember aber ist es Zeit, sich Barbarazweige ins Zimmer zu holen, damit am 24. im Weihnachtszimmer nicht nur der geschmückte Weihnachtsbaum, sondern auch ein duftiger Blütenstrauß prangt.

Was gibt's im Dezember zu tun?

Ehe die Gartengeräte eingeräumt werden, müssen sie gesäubert und alle Metallteile eingefettet werden. So rosten sie über den Winter nicht. Nicht vergessen, die Regentonne und die Gartenwasserleitung nach Absperren der Zuleitung am Haus zu entleeren!

Kompost

Wer einen Komposthaufen im Garten hat – und auf ihn sollte kein Intensivgärtner verzichten –, kann ihn jetzt bei trockenem Winterwetter in gewohnter Weise umsetzen. Eigentlich ist ein Umsetzen zur besseren Durchlüftung aber nur nötig, wenn der aufgesetzte Kompost zu naß ist. Mit der Grabgabel wird er abgeräumt und neu aufgeschichtet. So wird das Verrotten gefördert. Man kann dabei etwa alle 30 cm ganz dünn

Am Barbaratag ins Haus geholt, entfalten sich die Zweige von Zierquitten (im Bild Chaenomeles japonica*) bis Weihnachten in voller Blüte.*

Christrosen im Schnee.

Algenkalk aufstreuen. Ein richtig angelegter Kompost braucht aber eigentlich keine Zusätze. Küchenabfälle, die sich ausgezeichnet kompostieren lassen, sollten neben Gartenabfällen und kleingehacktem Material von Hecken und Sträuchern am Komposthaufen nicht fehlen. Ein häufig zu beobachtender Fehler sollte dem Hobbygärtner nicht passieren. Oft sieht man Anfänger im Herbst oder Winter ganze Schubkarren voll Komposterde auf die leeren Beete fahren und den Kompost dann untergraben. Damit geht jedoch seine Wirkung verloren. Erst zum Winterausgang wird der reife Kompost vor der Bestellung auf die Beete gestreut und dann leicht eingearbeitet. Nur Kompost in halbverrottetem Zustand kann im Herbst als Mulchschicht für Sträucher und Beerenobst verwendet werden.

Barbarazweige schneiden

Es ist ein schöner alter Brauch, am 4. Dezember, dem Barbaratag, kahle Zweige von Blütensträuchern abzuschneiden, sie ins Zimmer zu stellen und in der Vase erblühen zu lassen. Da es etwa 20 Tage dauert, bis die Blüten aus ihren Knospen kommen, kann man mit weihnachtlichem Blütenflor rechnen.

Geeignet ist eine Vielzahl von Ziergehölzen: Forsythie, Flieder, Mandelbaum, Kornelkirsche, Schneeball, Schlehe, Rotdorn, Seidelbast, Kastanie, Zierquitte, Spiräe, Zaubernuß und Echter Jasmin. Außerdem natürlich Kirsch-, Apfel- und Birnbaumzweige. Die Enden der Zweige werden schräg angeschnitten, und am besten entfernt man auch ein Stückchen Rinde. Dann legt man die Zweige einen Tag lang in eine Wanne mit lauwarmem Wasser, bevor sie in die Vase kommen und an einen nicht zu hellen und auch nicht zu warmen Platz gestellt werden.

Weihnachtsnarzissen für die Zimmerkultur

Wer gerne in den Wintermonaten etwas Blühendes im Zimmer hat, sollte es einmal mit den Tazetten (*Narcissus tazetta*) versuchen. Je nach Gefäßgröße zu dritt oder zu mehreren in Sand oder Kies pflanzen. Das Wasser sollte nur bis zum Zwiebelboden reichen. Bis zur Blüte vergehen 5–8 Wochen. Für die Weihnachtsblüte Zwiebeln Anfang November aufstellen.

Was blüht im Dezember?

Christrose: Die Christrose wird sozusagen vom ersten Winterhauch aus ihrem Sommerschlaf geweckt und beginnt zu blühen, genau zum Christfest und wenn alle anderen Blumen die kalte Dezemberluft scheuen. Die Christrose (*Helleborus*) stammt aus dem Mittelmeerraum und war schon im Altertum bekannt.

Sie braucht eine halbschattige Stelle im Garten und mag gern kalk- und lehmhaltige Böden. Vor Wind will sie auf jeden Fall geschützt sein, am besten durch Büsche, Bäume oder eine Hecke. Für feuchten Untergrund muß aber immer gesorgt sein. Christrosen werden dann nach der Blüte durch Teilung vermehrt.

Wissenswertes für den Intensivgärtner in Stichworten

Frühbeet

Zu den wichtigsten und nützlichsten Einrichtungen im Intensivgarten gehört das Frühbeet. Es bedeutet weder Platzverschwendung noch ist es allzu teuer in der Anlage. Frühbeete lassen sich in allen Größen und Formen fix und fertig beziehen, sind aber auch ohne großen Arbeits- und Zeitaufwand selbst zu installieren. Man kann ohne weiteres auf den guten alten Holzkasten mit Glasabdeckung zurückgreifen oder eines der neuen Glasmodelle mit Satteldach erstehen. In ihm fühlen sich natürlich besonders lichtbedürftige Winterkulturen wohl. Im Frühbeet werden problemlos all die Pflanzen gezogen, die sonst eigentlich im Gewächshaus gedeihen. Wichtig für den Hobbygärtner ist vor allem, daß sich das Frühbeet ausgezeichnet zum Anbau von Frühgemüsen (Möhren, Teltower Rübchen, Salat) eignet und auch für Sommerkulturen wie Gurken, Melonen, Paprika und Tomaten, wenn die Fenster hochgestellt werden, verwendet werden kann. Notwendig ist in jedem Fall eine präzise Überwachung der Lüftung. Nichts ist gefährlicher als Sonneneinstrahlung auf ein schlecht gelüftetes Frühbeet, weil es dabei schnell zur Überhitzung der unter dem Glas eingesperrten, relativ geringen Luftmenge kommt (siehe auch Tabelle Seite 141).

Gewächshaus

Gewiß wird jemand, der nur einen Miniaturgarten sein eigen nennt, kaum auf die Idee kommen, sich darin ein Treibhaus zu bauen. Aber manch einer, der über ausreichend Platz im Garten verfügt, sollte doch in Erwägung ziehen, ob er sich nicht ein solches Gewächshaus leisten will. Es bedeutet, daß man auch in schlechten Sommern reife Tomaten, Paprika, sogar Auberginen bekommt, daß man viele Monate im Jahr und unabhängig vom Wetter frisches Gemüse zur Verfügung hat. Vor allem aber kann

Frühbeetkulturen

	Aussaatzeit	*Pflanzzeit*	*Pflanzabstand (cm)*
Frühgemüse			
Rettich	Februar	Februar (Sämlinge am Fensterbrett ziehen)	20 × 20
Radies	Februar		8 × 6
Kopfsalat		Februar	25 × 25
Kohlrabi		Februar	25 × 25
Möhre	Februar		auf 3 cm verziehen
Spinat	Februar		25 × 10
Jungpflanzenanzucht			
Frühkraut	Mitte Februar	April–Mai	
Frühsalat	Mitte Februar	Ende März (Frühbeet)	
Tomate	Anfang März	Anfang Mai (Gewächshaus)	
	Mitte März	Ende Mai (Freiland)	
Gurke	Anfang April	Mitte Mai (Gewächshaus)	
	Mitte April	Mitte Mai (Frühbeet)	
Sommerblumen			
(Leberbalsam, Löwenmaul, Tagetes u. a.	ab Ende Februar		
(Lobelie, Chinesernelke, Fuchsschwanz, Duftsteinreich, Margerite u. a.	ab März		

man sich im Gewächshaus alle Pflanzen anziehen, die man später im Freiland haben möchte, und zugleich denjenigen Pflanzen den denkbar besten Winterschutz bieten, die ihn in unseren Breiten nötig haben.

Gewächshäuser gibt es in vielen Formen und Größen. Man kann sie fix und fertig aufstellen lassen, was natürlich eine Menge Geld kostet. Man kann sich aber auch nach genauen Anleitungen sein Glashaus selber bauen. Immerhin sollte man das Gewächshaus so groß planen, daß man auch in der kalten Jahreszeit die Familie daraus mit Gemüse versorgen kann. Und ein paar empfindliche Topfpflanzen können ja auch noch Platz darin finden.

Zur Versorgung einer vierköpfigen Familie mit Gemüse rechnet man etwa eine Grundfläche von 1,80 × 2,40 m. Der Platz im Garten, auf dem das Gewächshaus stehen soll, ist sehr sorgfältig auszuwählen. Das Treibhaus soll gut besonnt, dabei aber zugleich vor kalten Winden geschützt sein. Das ist vor allem dann wichtig, wenn man Winterkulturen wie Kopfsalat ziehen möchte. Kopfsalat läßt sich von November bis Januar anbauen, wenn eine Mindesttemperatur von 7–10 °C herrscht und genügend Licht einfällt. Das winterharte Gemüse kann man in Gebieten mit kurzen, milden Wintern im Gewächshaus im Spätwinter säen und hat im zeitigen Frühjahr schon große kräftige Pflanzen fürs Freiland. Aber in unseren Breiten fehlt in den Monaten Januar und Februar neben der Wärme vor allem das Licht, damit das Gemüse ordentlich wachsen kann. So nutzen viele Gartenbesitzer ihr Gewächshaus im Winter mit Feldsalat und Spinat und beginnen mit den ersten Gartenarbeiten dort Ende Februar/Anfang März.

Natürlich bietet ein Gewächshaus auch Exoten wie Auberginen, Tomaten und Paprika eine ihren Bedürfnissen angepaßte Umgebung. Es lohnt sich also, mit dem Gedanken an ein Gewächshaus zumindest einmal zu spielen, sich Informationsmaterial zu besorgen oder einen Nachbarn oder Freund, der schon eines besitzt, nach seinen Erfahrungen zu fragen.

Folientunnel, Flachfolie, Vlies

Folientunnel können zwar auch als Frühbeet dienen, haben aber in erster Linie die Funktion, die Vegetationszeit für viele Pflanzen

Tomaten mit Folienhauben.

zu verlängern, ihnen also im frühen Frühjahr und im späten Herbst Frostschutz zu gewähren. Man kann sich im Tunnel sehr gut Pflänzchen für Gemüse heranziehen, das nicht ganz winterhart ist, z. B. Gurken oder Zucchini.

In Gegenden mit rauherem Klima würden ohne Zuhilfenahme eines Tunnels Tomaten, Paprika oder Gurken kaum reif. Im Handel sind Tunnel aus verschiedenen Materialien. Es gibt starre Tunnel aus Glas, z. B. in Zeltform, oder aus Kunststoffwellpappe. Die einfachste und preiswerteste Lösung ist der Folientunnel, bestehend aus Polyäthylenfolie, die man über in U-Form gebogenen Draht spannt und an den Seiten

Bauerngarten mit Folientunnel.

schließen bzw. zum Lüften offenlassen kann. Flachfolien zum Auflegen auf die Gemüsebeete sind gelocht. Die wachsende Folie kann sich durch die vielen Schlitze enorm dehnen, läßt Gießwasser und ausreichend Luft hindurch. Für Frühsaaten und -kulturen im Hausgarten ist sie sehr zu empfehlen. Neu sind noch die sehr wasser- und luftdurchlässigen Kunststoff-Faservliese, die sogar bis zur Ernte auf den Kulturen bleiben können.

Mischkultur

Bei dieser Form des Anbaus wird nicht ein Beet mit einer Pflanzenart, etwa Möhren oder Salat, bestellt, sondern mehrere Pflanzenarten finden darauf Platz. Das hat einmal den Vorteil der unterschiedlichen Reifezeiten, d. h., der Boden des Beets ist nie ganz unbedeckt.

Außerdem ist auch bei sehr kleinen Anbauflächen die Versorgung mit vielerlei Salat, Gemüse

Ein Beispiel für Mischkultur: Mangold, Kümmel, Chicorée, Kohlrabi und Broccoli.

Radieschen aus dem eigenen Garten.

und Kräutern über einen langen Zeitraum gesichert.

Zudem nutzt man bei der Mischkultur aus, daß es im Pflanzenreich, auch bei den Gemüsen und Kräutern, gute und schlechte Nachbarschaften gibt, daß Pflanzen einander gegen Schädlinge schützen und die Nähe der einen dem besseren Wachstum der anderen Pflanze förderlich ist. Auch werden die Nährstoffe im Boden nicht einseitig verbraucht, weil die angebauten Pflanzen unterschiedliche Bedürfnisse und Ansprüche haben.

Die günstigste Breite für ein Mischkulturbeet ist 125 cm. Wege von 30 cm Breite dazwischen anlegen.

Beispiele für Mischkulturen sind: Porree in der Mitte eines Beets, zu beiden Seiten flankiert von Kohlrabi, und ganz außen je eine Reihe Kopfsalat, dazu an den Ecken Salatkräuter.
Oder: Außenherum Pflücksalat, von dem ständig geerntet werden kann. Zur Mitte hin finden in der nächsten Reihe Möhren Platz. In der mittleren Reihe ist der ideale Standort für Zwiebeln, die dicht gesät werden können, damit man das ganze Frühjahr über das zarte Grün und die jungen Zwiebelchen täglich frisch auf dem Tisch hat und zugleich die richtigen Pflanzabstände für große ausgewachsene Zwiebeln herstellt.
Oder: Statt der Zwiebeln legt man in die Mitte des Beetes eine Reihe Erbsen, die am Reisig hochranken und ausgezeichneten Windschutz für die sie umgebenden Radieschen, Möhren und Salatpflänzchen bieten.
Gut vertragen sich außerdem miteinander:
Erbsen mit Möhren, Fenchel, Kohlrabi, Kopfsalat, Teltower Rübchen;
Kohlgemüse mit Porree, Salat, Mangold, Radieschen, Sellerie und Spinat;
Gurken mit Knoblauch, Dill, Sellerie, Stangenbohnen;
Kartoffeln mit Kohlrabi, Spinat.

Wichtig ist, daß man während der gesamten Vegetationsperiode kein Beet oder auch nur einen Beetteil brachliegen läßt. Einmal, weil man auf den Ertrag nicht verzichten will, zum zweiten, weil Pflanzen die beste Möglichkeit der Bodenbedeckung bieten, dank derer die so wichtige Bodengare gefördert wird.

Fruchtfolge/Kulturfolge

Man sollte nicht Jahr für Jahr nah verwandte Gemüsearten auf demselben Beet anbauen. Bei regelmäßigem Fruchtwechsel bleibt der Boden gesund, Nährstoff- und Wasserhaushalt geraten nicht durcheinander.
Das Neben- und Nacheinander von Kulturen im Gartenjahr sollte so geplant werden, daß die Beete immer von Pflanzen bewachsen sind und damit der Boden beschattet ist. Außerdem sind bestimmte Vorlieben und Abneigungen der Pflanzen zu berücksichtigen; Flachwurzler vertragen sich gut mit Tiefwurzlern, niedrige Pflanzen fühlen sich in der Nachbarschaft und im Windschatten von höherwachsenden wohl. Schließlich spielt der Nährstoffentzug durch sogenannte Stark- oder Schwachzehrer eine gewisse Rolle; man kann ihn aller-

dings durch Zwischendüngung ausgleichen. Hinweise zu Kulturfolgen gibt die Tabelle auf den Seiten 12ff.

Hügelbeet

Gerade im Kleingarten ist diese Form des Anbaus besonders günstig, denn das Hügelbeet hat gegenüber dem Normalbeet eine um fast 30 Prozent größere Anbaufläche. Auch sind die Erträge von solchen Beeten - zumal in den ersten Jahren - höher, da durch den allmählichen Verrottungsprozeß der Materialien, aus denen sie aufgebaut sind, im Innern des Beets eine größere Wärmeentwicklung stattfindet, die das Pflanzenwachstum fördert.

Die Anlage des Hügelbeets, das an einer sonnigen Stelle des Gartens möglichst in Nord-Süd-Richtung gelegen sein soll, wird zweckmäßigerweise im Herbst in Angriff genommen, weil man dann all das Material zur Verfügung hat, das man zum Aufschichten braucht.

Zunächst wird ein Beet von 1,50 m Breite und in beliebiger Länge, aber nicht unter 4 m, abgesteckt. Dann sticht man die Grassoden aus und legt sie beiseite. In dem ausgesteckten Geviert wird eine spatentiefe Mulde gegraben. Dabei wird der abgetragene Humus neben dem künftigen Beet aufgeschichtet und mit einer Plane abgedeckt. Zuunterst in diese Mulde kommen grobe, holzige Gartenabfälle wie Reisig, zerkleinerte Äste von Sträuchern und Bäumen. Darüber schichtet man die abgestochenen Grassoden mit den Wurzeln nach oben. Diese werden ihrerseits abgedeckt durch eine dicke Schicht trockenes Laub, das gut gewässert und mit Kalkstickstoff bestreut wird. Wer eine Quelle für Stallmist hat, sollte sie tunlichst nutzen und an dieser Stelle eine Schicht in sein Hügelbeet einbringen. Darüber verteilt man noch nicht verrottete Küchenabfälle aus dem Komposthaufen und beschließt den Aufbau mit einer Humusschicht, für die man gute Komposterde verwendet, und die ausgehobene Humusschicht. Inzwischen hat sich ein beachtlicher Hügel gebildet, über dessen Grat man der Länge nach eine Rille zieht, die das Gießwasser aufnimmt, das auf diese Weise nicht seitlich wegrinnt, sondern ins Innere sickert.

4–5 Jahre kann man ein solches Hügelbeet bestellen, dann sind die Abfälle im Innern verrottet und zu Humus geworden, für den

Ein Hügelbeet bringt eine größere Anbaufläche und höhere Erträge.

es überall im Garten Verwendung gibt. Zum Anbau auf dem Hügelbeet – am besten in Mischkultur – eignen sich viele Gemüse und Salate, aber auch Erdbeeren und Kartoffeln.

Nützlinge

Außer den **Vögeln** sind noch andere Tierarten wichtige Verbündete des Menschen im Kampf gegen Schädlinge im Garten. **Igel**, denen man durch einen Laub- und Reisighaufen, aber auch durch nicht allzu säuberlich geschnittene Hecken den eigenen Garten als Wohnsitz schmackhaft machen kann, fressen nicht nur Schnecken und Engerlinge, sondern rücken auch Drahtwürmern und Raupen zu Leibe. **Spitzmäuse** ernähren sich mit Vorliebe von Larven und Schnecken.

Über die schädlichen Wickler und Spanner machen sich **Fledermäuse** gerne her, während **Kröten** und **Eidechsen** lästiges Kleingetier wie Larven, Schadinsekten und Schnecken aus dem Weg räumen. Unter den Insekten sind die **Marienkäfer** im Einsatz gegen Blattläuse besonders effizient. Aber auch **Florfliegen, Schlupfwespen, Spinnen** und **Ohrwürmer** sollte man hegen, statt sie zu vernichten, denn sie machen unerbittlich Jagd auf Blattläuse.

Register

S

T

U

V

W

Z